Mathias Schneider

D1922551

Insekten im Terrarium

Gottesanbeterinnen, Stabheuschrecken & Co.

KOSMOS

Inhalt

Exoten zuhause

Die Welt der Insekten

Insekten sind die heimlichen Herrscher der Welt, zu diesem Schluss kommt jeder, der sich mit diesen vielseitigen Tieren näher beschäftigt. Wie viele Arten es auf der Erde gibt, kann die Wissenschaft immer noch nicht definieren – bisher sind weit über eine Million beschrieben. Und die große Mehrheit in den artenreichen Regenwäldern wurde vermutlich noch gar nicht entdeckt! Sicher ist, dass über achtzig Prozent aller Tiere zur Klasse der Insekten gehören. Fossile Funde zeigen, dass es Insekten bereits vor 400 Millionen Jahren gab, Tausendfüßer und Skorpione sogar schon vor 440 Millionen Jahren. Im Vergleich dazu: Die ersten Reptilien tauchten erst 160 Millionen Jahre später auf, Dinosaurier 220 Millionen Jahre nach den ersten Insekten.

Eine so artenreiche Gruppe besticht durch die unterschiedlichsten Morphen. Die kleinsten Vertreter der Insekten sind nur 0,2 Millimeter groß, während andere Arten problemlos weit über dreißig Zentimeter erreichen, wie zum Beispiel die Riesenastschrecken.

Insekten begeistern durch ihre Farb- und Formvielfalt, z. B. der Rosenkäfer *Eudicella spec.*

Ebenfalls zu den Phasmiden gehört auch das schwerste Insekt der Welt, die Dschungelnymphe (*Heteropteryx dilatata*). Diese ursprünglich aus Malaysia stammende Riesengespenstschrecke wird ausgewachsen bis zu 70 Gramm schwer. Gleichzeitig produzieren die Weibchen der Dschungelnymphe auch die größten Eier im Insektenreich, die siebeneinhalb Millimeter lang und fünf Millimeter breit sein können. Durch ihre Fähigkeit, sich innerhalb weniger Generationen stark anzupassen, kommen Insekten außer in den Ozeanen überall auf der Erde vor. Zwar leben die meisten Arten in den gemäßigten Zonen mit Schwerpunkt auf den tropischen Regenwäldern, es kommen aber auch Spezialisten an den Polarkreisen, in extremer Höhe oder in den trockensten Wüsten der Erde vor.

Der Körperbau

Der Körperbau der Insekten ist einerseits sehr simpel, einzelne Körperteile sind wiederum sehr komplex. Dieses Buch bietet nicht genug Platz für eine genaue Darstellung der Anatomie, daher möchte ich hier nur ein gewisses, fundiertes Grundwissen vermitteln.
Insekten gehören zu den wirbellosen Tieren, verfügen über sechs Beine und eine harte Außenhaut. Diese besteht aus Chitin und Proteinen und wird von der Epidermis gebildet, die unter diesem „Panzer" liegt. Je nach Ausprägung ihres Panzers können Insekten die unterschiedlichsten und auch sehr bizarre Formen annehmen. Durch die Einlagerung von Farbpigmenten oder durch bestimmte lichtbrechende Eigenschaften ihrer Außenhülle sind die Tiere unterschiedlich gefärbt. Bei manchen Arten, beispielsweise Käfern oder Wespen, dienen extrem grelle und gemusterte Farben zur Warnung oder zum Abschrecken von Angreifern und Fressfeinden. Wieder andere Vertreter setzen auf Tarnung und sind in ihrem natürlichen Lebensraum praktisch unsichtbar. Diese Anpassung funktioniert perfekt bei vielen Stab- oder Blattschrecken und Gottesanbeterinnen, die erst dann sichtbar werden, wenn sie sich bewegen.
Der Körper der Insekten besteht aus drei Teilen: Dem Kopf (Caput), der Brust (Thorax) und dem Hinterleib (Abdomen). Auch das Nervensystem ist sehr simpel aufgebaut und basiert auf Marksträngen, den sogenannten Ganglien, die im Kopf der Tiere zusammenkommen und ein einfaches Gehirn bilden. Je nach Bedarf sind bei manchen Arten einzelne Sinne stärker ausgeprägt als bei anderen.

Die Außenhaut von *Dorcus titanus*, hier ein Weibchen, ist ein richtiger Panzer aus hartem Chitin.

Rosenkäfer leben nach dem Schlupf leider nur ca. sechs Wochen.

Das Grundkonzept „Insekt“ ist also einfach gehalten und für Spezialisierungen wie geschaffen. Daher haben viele Arten sehr präzise Umformungen durchgemacht, um sich perfekt ihrem Lebensraum einzupassen: Lauerjäger wie z. B. die Mantiden besitzen sehr gute Augen. Solche, die weite Strecken zur Futterbeschaffung oder auch zur Paarung zurücklegen müssen, sind in der Regel flugfähig. Die Mundwerkzeuge sind meist dem individuellen Futterbedarf angepasst: Viele Käfer und besonders die blattsaugenden Spezies verfügen über entsprechend geformte Rüssel, andere Arten bildeten extrem kräftige Zangen aus, um damit festes Obst oder sogar Holz zu zerkleinern.

Wachstum und Häutung

Der Prozess, den Insekten durchlaufen bis die Tiere adult, also fortpflanzungsfähig sind, ist ebenso abwechslungsreich und unterschiedlich wie ihre Bauweise. Jeder kennt das Prinzip der Raupe, die sich verpuppt und dann zum Schmetterling wird. Ähnlich ist es bei Käfern, deren Larven je nach Art bis zu mehrere Jahre in der Erde oder in faulem Holz leben, um sich am Ende ihres dritten Larvenstadiums zu verpuppen und dann als fertiger Käfer (Imago) zu schlüpfen. Dieser Prozess des Erwachsenwerdens kann bei tropischen Hirschkäfern über sechs Jahre dauern. Verglichen mit der Lebensdauer des eigentlichen Käfers von nur circa sechs Monaten ein großer Aufwand!

Mantiden und auch Phasmiden häuten sich während ihres Lebens sechs bis sieben Mal. Jedes dieser Häutungsstadien verändert die Tiere in der Größe und manchmal auch in der Farbe. Die letzte sogenannte Reifehäutung verändert dann auch die Form der Tiere und deren Eigenschaften. So sind zum Beispiel die Flügel bei den Larven nur angedeutet und funktionsfähige Flügel bilden sich erst nach dieser letzten Häutung aus. Je nach Art ist eine Gottesanbeterin nach ihrer letzten Häutung fast nicht mehr wiederzuerkennen. *Pseudocreobotra wahlbergi*, die afrikanische Blütenmantis, ist dafür ein sehr gutes Beispiel: Als Larve sind die Tiere direkt nach dem Schlupf schwarz und werden oft mit Ameisen verwechselt. Während der ersten Larvenstadien werden die Tiere weiß mit einem grünen Muster. Zur optischen Abschreckung sehen die Tiere aus, als wären sie komplett mit Stacheln bewehrt und der Hinterleib ist nach oben gerichtet. Haben sie aber ihre letzte Häutung hinter sich, erscheint auf der langen Flügeldecke, die den ausgestreckten Hinterleib bedeckt, ein großes Pfauenauge und die Stacheln sind komplett verschwunden.

Vielseitige Ernährung

Natürlich gibt es auch was das Futter angeht große Unterschiede. Es kommen sowohl Nahrungsspezialisten als auch Allesfresser vor, dabei scheiden viele Arten aufgrund ihrer Futtervorlieben für eine Haltung im Terrarium aus. So haben sich viele Käfer oder Wanzen auf den Saft von ganz bestimmten Bäumen oder Blättern spezialisiert. Andere Arten fressen nur gewisse Pilze, Flechten oder Mikroorganismen, die man den Tieren im Terrarium nicht bieten kann. Es bleibt aber trotzdem eine riesige Auswahl aus faszinierenden Exoten für eine erfolgreiche Pflege übrig!

Natürlich gibt es unter den Insekten auch Räuber. Viele jagen aktiv oder getarnt beziehungsweise warten regungslos versteckt darauf, dass ein potentielles Opfer nahe genug kommt, um dann blitzschnell zuzuschlagen. Viele Arten haben zur Jagd spezielle Werkzeuge, die sich im Lauf der Evolution ausgebildet haben. Wieder andere arbeiten mit Gift, um ihre Opfer oder auch Angreifer auszuschalten. Auf all diese besonderen Eigenschaften wird im Artenteil ab S. 26 genauer eingegangen.

Die Waffen der Gottesanbeterin *Idolomantis* sind ideal, um blitzschnell Beute zu schlagen.

Gifttiere in der Nano-Terraristik

Auch für kleine Terrarien gibt es Tiere, die uns Menschen in einem gewissen Rahmen gefährlich werden können. Insekten haben im Laufe der Jahrtausende viele unterschiedliche Abwehrmechanismen entwickelt, um sich entweder zu verteidigen oder um Beute zu überwältigen. Neben den bekannten „Waffen" die z. B. Skorpione in Form ihres Stachels oder Vogelspinnen mit ihren Chelizeren, also ihren Giftzähnen mit sich tragen, ist das Benutzen von Abwehrsekret die wohl am weitesten verbreitete Methode der aktiven Verteidigung unter den Insekten und Gliedertieren. So können einige Phasmidenarten, wie zum Beispiel *Peruphasma schultei*, ein stark brennendes Sekret abgeben, das wie eine Duftwolke in der Luft liegt und auch eine ganze Weile anhält. Dieselbe Strategie verfolgen auch die afrikanischen Laufkäfer (*Anthia spec.*) und die afrikanische Monstergrille (*Madiga liberiana*). Die genaue chemische Zusammensetzung der Sekrete ist sehr unterschiedlich, ihre Wirkung kann aber mit der von Pfefferspray verglichen werden! Atembeschwerden und ein starker Hustenreiz, vorübergehende Blindheit und tränende Augen sind die Folge.

Passive und aktive Gifte

Die südafrikanische Blutheuschrecke ernährt sich von extrem giftigen Wolfsmilchgewächsen und wandelt das Gift dieser Pflanze im Körper zu ihrem eigenen, sehr potenten Abwehrsekret um. Eine dicke, milchige Flüssigkeit schreckt die Angreifer dieser großen Heuschrecke ab.

Einige räuberisch lebende Käfer haben zum Lähmen von Beute auch aktives Gift entwickelt. In der Hauptsache sind dies die asiatischen Leuchtkäfer. Über die Tiere selbst als auch über ihr Gift ist leider nur sehr wenig bekannt. Ein Biss dieser sehr trägen Tiere kann aber die Symptome einer Blutvergiftung sowie Nekrosen verursachen.

Raubwanzen gehen noch einen Schritt weiter. Zur Jagd und zur Verteidigung

Die Phasmidenart *Peruphasma schultei* gibt bei Gefahr ein stark brennendes Sekret ab.

Dieser Laufkäfer (*Anthia sexguttata*) verfügt über ein wirksames Abwehrsekret.

setzten diese Tiere kleine „Giftpfeile“ ein, die sie über einen Meter weit zielgenau abfeuern können. Starker Juckreiz, Taubheitsgefühle und ein starkes Brennen, ähnlich wie bei einem Spinnenbiss, werden dadurch verursacht.

Hundertfüßer

Die wohl als Terrarientier häufigsten, gleichzeitig aber auch gefährlichsten Vertreter neben den Skorpionen und Giftspinnen sind die Skolopender, auch Hundertfüßer genannt. Bei diesen Tieren hat sich das vorderste Beinpaar zu zwei sehr effektiven Giftklauen umgewandelt. Das Gefährliche an einem Skolopenderbiss ist die Tatsache, dass diese Tiere in der Lage sind, ihr Gift für jeden Biss individuell zu dosieren und auch zu mischen: Skolopender verfügen über verschiedene Gifte, sowohl Nerven- als auch Eiweißgifte, und können den Giftcocktail bei jedem Biss verändern. Deswegen kann ein Skolopenderbiss vollkommen harmlos und ohne Symptome verlaufen, oder auch extreme, anhaltende Schmerzen und offene Wunden verursachen. Diese Tiere sollten sehr erfahrenen Haltern vorbehalten bleiben und werden deswegen in diesem Buch auch nicht vorgestellt. Oft werden die Hundertfüßer mit den Tausendfüßern verwechselt. Zwar setzen die Tausendfüßer auch ein Abwehrsekret zu ihrer Verteidigung ein, dies ist aber für uns Menschen völlig harmlos. Tausendfüßer setzen einen Bitterstoff ein, um sich gegen Fressfeinde zu wehren. Diese Flüssigkeit, die an der Seite der Tausendfüßer aus Poren dringt, schmeckt extrem bitter und hat einen beißenden Geruch. Wenn wir als Pfleger mit diesem Sekret in Berührung kommen, dann färbt dieses Abwehrsekret die Haut braun bzw. lila oder gelb. Die Färbung verschwindet nach wenigen Tagen wieder. Natürlich sollte das Sekret nicht in Mund und Augen gelangen, ansonsten ist es aber harmlos.

Einfach gut versorgt

Terrarientypen

Die wichtigste Grundvoraussetzung für die erfolgreiche Pflege von Insekten und anderen Wirbellosen im Terrarium ist das passende Umfeld für das Tier zu schaffen. Hierbei sind verschiedene Faktoren besonders zu beachten. Als kleine Orientierungshilfe werden im Folgenden verschiedene Terrarientypen vorgestellt. Die Ideallösung für manche Tiere kann natürlich auch irgendwo dazwischen liegen.
Manche Hersteller bieten bereits komplette Terrarien-Sets inklusive Technik und Einrichtung an, die sich sehr gut für die Haltung von Insekten und Wirbellosen eignen.
Die folgenden Terrarientypen geben eine Hilfestellung für die richtige Pflege einfach zu haltender Insekten. Welcher Typ für welche Art geeignet ist, ist im Artenteil ab S. 26 vermerkt.

Typ A – Wüstenterrarium für Bodenbewohner

Mindestgröße: 30 x 30 x 30 cm oder 40 x 30 x 30 cm (L x B x H).
Bodengrund: Wüstensand oder trockene Erde, Kies.
Dekoration: Äste, Rinde oder Kork, Pflanzen, Steine.
Temperatur: 30–45 °C – Nachtabsenkung auf ca. 15–20 °C.
Luftfeuchtigkeit: 50 % und weniger.
Technik: Licht, Heizmatte.

Um ein Wüstenklima nachempfinden zu können, wird hier die meiste Technik benötigt. Eine helle Lichtquelle ersetzt die starke Sonnenstrahlung der natürlichen Umgebung. Ob hierfür Spotlampen, Neonröhren oder eine andere Lichtquelle verwendet werden, hängt von der Größe und Beschaffenheit des Terrariums ab. Grundsätzlich können all diese Varianten eingesetzt werden. Um die Temperatur in den gewünschten Bereich anzuheben, wird zusätzlich eine kleine Heizmatte unter dem Bodengrund benötigt. Die nächtliche Abkühlung erreicht man, indem Licht und Heizung nachts abgeschaltet werden. Am besten geschieht dies über eine Zeitschaltuhr, da so ein fester Tag-Nacht-Rhythmus sichergestellt ist.
Die restliche Einrichtung eines Wüstenterrariums ist naturgemäß einfach strukturiert. Als Bodengrund eignet sich Wüstensand oder auch trockener Torf. Keinen Sand verwenden, der nicht extra für die Terraristik angeboten wird! Billiger Spielkasten- oder Bausand ist sehr scharfkantig und kann, wenn er gefressen wird, zu inneren Verletzungen führen.
Die meisten Wüstenbewohner kommen nicht in reinen Sandwüsten, sondern in Stein- und Geröllwüsten vor. Daher bietet es sich immer an, etwas Kies mit in den Boden zu geben.
Die meisten Arten aus der Wüste sind Bodenbewohner und benötigen keine Pflanzen, sie geben aber einen schönen Blickfang ab. Bei der Bepflanzung unbedingt darauf achten, dass diese das Wüstenklima aushalten. Sukkulenten oder Agaven eignen sich gut, haben aber giftige Blattsäfte (z. B. Wolfsmilchgewächse).
Echte Kakteen, egal ob mit festen Stacheln oder weichen Haaren, stellen

Die Wandelnde Geige, *Gongylus gongyloides*, fühlt sich in eher trockenem Klima heimisch.

ebenfalls eine potentielle Gefahr dar. Praktischerweise gibt es viele gut gemachte künstliche Kakteen im Handel, die im Terrarium schön aussehen und den Tieren nicht schaden können. Die verwendeten Äste bzw. Rinde sollten abgekocht oder im Ofen über eine Stunde auf 60°C erhitzt werden, damit keine Schädlinge (wie z. B. Milben) eingeschleppt werden.

Ein üppiges Regenwald-Terrarium ist nicht nur ein schöner Blickfang, sondern auch ein vielseitiges Zuhause für Wirbellose.

Typ B – Halbtrockene Savanne

Mindestgröße: 30 x 30 x 30 cm für Bodenbewohner oder 30 x 30 x 45 cm (L x B x H) für Baum- und Strauchbewohner.
Bodengrund: Erde, spezieller Rindenmulch für Terrarien, Humus, Lehm oder ein Gemisch aus Erde, Laub und Sand.
Dekoration: Äste, Rinde/Kork, Pflanzen, Steine, Wasserschale.
Temperatur: 25–32°C – Nachtabsenkung auf ca. 18–20°C.
Luftfeuchtigkeit: 50–70 %.
Technik: Licht, evtl. kleine Heizmatte.

Dieser Terrarientyp eignet sich für Tiere, die halbtrockene Gegenden bevorzugen. Auch hier gilt, dass die Einrichtungsgegenstände gut abgekocht werden sollten. Die Pflanzen sollten ggf. in ungedüngte Erde umgetopft werden.
An Dekoration gibt es hier wesentlich mehr Auswahl: Kork und viele verschiedene Pflanzen können hier Verwendung finden. Wichtig ist eine ausreichend große Belüftung, da einmal täglich gesprüht werden sollte, die Feuchtigkeit jedoch relativ schnell wieder abziehen muss. In jedem Fall sollte eine kleine Wasserschale nicht fehlen, da die Insekten der halbtrockenen Savanne wesentlich mehr von Wasser abhängig sind, als Arten, die in Wüsten vorkommen.
Viele Pflanzen, die dieses Klima gut vertragen, sind für die Terrarienbewohner giftig. Lassen Sie sich beim Kauf gut beraten – es gibt auch Zoofachhändler, die ein Sortiment an passenden, ungefährlichen Pflanzen anbieten.

Typ C – Regenwaldterrarium

Mindestgröße: 30 x 30 x 45 cm (L x B x H).
Bodengrund: Erde, spezieller Rindenmulch für Terrarien, Humus, Waldboden, Moos.
Dekoration: Äste, Rinde bzw. Kork, Pflanzen, Steine, Wasserschale.
Temperatur: 25–32°C – Nachtabsenkung auf ca. 18–20°C.
Luftfeuchtigkeit: 70–90 %.
Technik: Licht, evtl. kleine Heizmatte, evtl. Ultraschallvernebler.

Die meisten Einrichtungsmöglichkeiten bietet dieses Terrarium, gleichzeitig kommt in diesem Lebensraum auch die größte Artenvielfalt vor. Im Regenwald sind üppige Pflanzen und Moos ein Muss. Die Pflanzen sorgen für ein gutes Klima und speichern Feuchtigkeit, das Moos am Boden bietet ein zusätzliches Plus an Feuchtigkeit.
Regenwaldbewohner brauchen eine permanent hohe Luftfeuchtigkeit ohne Staunässe, daher ist auch bei diesem Terrarientyp eine gute Lüftung sehr wichtig. Große Drahtgaze-Flächen ermöglichen die ständige Luftzirkulation. Zwei- bis dreimal täglich sollte übersprüht werden. Ein Wasserbecken ist Pflicht. Manche Tiere wie Zwerglandkrabben nutzen dieses Becken zum Baden oder als Zuflucht bei Gefahr.
Regenwaldterrarien sind etwas aufwändiger zu pflegen, das heißt aber nicht unbedingt schwieriger. Je nach Bauart des Terrariums bekommt man sehr schnell ein Gefühl dafür, wie oft und wie stark gesprüht werden muss. Ein Ultraschallvernebler hilft dabei, dieLuftfeuchtigkeit konstant hoch zuhalten.

Typ D – Phasmidenterrarium

Mindestgröße: 30 x 30 x 45 cm (L x B x H), für große Arten höher.
Bodengrund: Küchenpapier oder Zeitung, evtl. Erde.
Dekoration: Sparsam, nur Hölzer oder Steine. Futterschale.
Temperatur: Je nach Art und Herkunft (s. Artenteil ab S. 26).
Luftfeuchtigkeit: Je nach Art und Herkunft.
Technik: Licht, evtl. kleine Heizmatte.

Phasmiden wie diese benötigen wenig Einrichtung und keinen Bodengrund.

Eine Ausnahme zu allen anderen Becken bilden Terrarien für Phasmiden. Da die Phasmiden regelmäßig frisches Futter brauchen und auch die Eier der Tiere sehr schwer zu entdecken sind, bietet es sich an, sie in fast leeren Terrarien zu halten.
Natürlich kann man auch diese Exoten in voll eingerichteten Becken pflegen, allerdings ist dann einiges zu bedenken. Phasmiden werden jede Pflanze im Terrarium anfressen, unabhängig davon, ob sie giftig ist oder nicht. Selbst Plastikpflanzen bleiben nicht verschont! Die Eier der Tiere sind oft kaum vom Kot zu unterscheiden und werden entweder einfach fallen gelassen oder in den Boden gelegt. Wenn Bodengrund im Terrarium ist, ist es für ungeübte Augen kaum möglich, die Eier zu finden.
Wer dieses Terrarium praktisch einrichten will, beschränkt sich beim Bodengrund auf Küchenpapier, es ist einfach zu wechseln und die Eier lassen sich schnell absammeln. Um die Futterpflanzen länger frisch zu halten, sollten sie in Wasser in einer Vase oder ähnlichem stehen. Achtung: Das Gefäß sollte einen sicheren Stand haben. Die Tiere bewegen sich auf den Ästen und der Schwerpunkt liegt weit oben, so dass zu leichte oder schmale, hohe Gefäße leicht umkippen. Um sicher zu gehen, dass keine Eier oder Insekten in das Pflanzengefäß fallen, wird die Öffnung um die Pflanzenstiele mit etwas Küchenpapier ausgestopft. Die Optik wird nicht wirklich gestört, da sich alles Interessante ohnehin weiter oben abspielt. Die Futterpflanzen müssen oft gewechselt werden – eine aufwendige Einrichtung würde dabei nur stören.

Das Terrarium

Die Größe

So unterschiedlich die einzelnen Arten in der Insektenwelt sind, so differenziert sind auch ihre Bedürfnisse. Tiere, die auf Bäumen oder in Sträuchern leben, bevorzugen ein hohes Terrarium. Dort beobachten sie aus erhöhter Position, was um sie herum passiert. Bodenbewohner haben oft ein ausgeprägtes Bewegungsbedürfnis und sind deswegen auf eine größere Grundfläche angewiesen. Grabende Arten benötigen einen hohen Bodengrund. Natürlich muss man auch bedenken, ob man ein einzelnes Tier, eine Gruppe oder sogar mehrere Arten in einem Becken pflegen will. Generell ist eine Vergesellschaftung von verschiedenen Insekten sehr gut möglich, solange diese auch zueinander passen (s. Artenteil ab S. 26). Selbstverständlich braucht aber jedes Tier seinen eigenen Lebensraum, entsprechend größer sollte man also die Terrarien dimensionieren. Es bietet sich an, Arten miteinander zu vergesellschaften, die sich in ihrem Lebensraum nicht in die Quere kommen. Zum Beispiel eine Gottesanbeterin, die auf Ästen oder Pflanzen lebt, mit Hirschkäfern, die am Boden graben. Tausendfüßer sind ebenfalls mit vielen Tieren kompatibel. Natürlich ist darauf zu achten, dass sich keine Fressfeinde begegnen.

Check **Fragen vor dem Kauf**

- Welches Terrarium ist das richtige?
- Wie viele Tiere oder Arten möchte ich halten?
- Wo habe ich Platz für das Terrarium?

Für die Entwicklung der Larven brauchen Rosenkäfer einen tiefen Bodengrund.

Das Klima

Wie schon beschrieben, gibt es quasi überall auf unserer Erde Insekten. Sie kommen in den extremsten Klimazonen vor, entsprechend sind die Ansprüche oft völlig verschieden. Im Artenteil ab S. 26 werde ich mich auf Arten beschränken, deren klimatische Anforderungen im Terrarium ohne Probleme nachzustellen sind.

Achtung: Gerade weil Terrarien für Insekten oft klein und handlich sind, werden sie oft auf Fensterbänke oder in Ecken gestellt, wo das Klima mit den Jahres- oder sogar Tageszeiten stark schwankt! Es ist ganz wichtig, dass das Klima im Terrarium genau überprüft wird. Wenn ein Terrarium auf einer Fensterbank steht, reichen unter Umständen wenige Minuten intensiver Sonneneinstrahlung aus, um es zu überhitzen – das kann schnell tödlich für die Terrarienbewohner enden.

Ebenso reagieren Insekten sehr schnell und je nach Art auch recht empfindlich auf plötzliche Kälte. Manche Tiere fallen in eine Kältestarre und bewegen sich auch bei Störungen nicht mehr. Temperaturschwankungen sollte man also unbedingt im Auge haben und vermeiden.

Auch in Bezug auf die Luftfeuchte sind kleine Terrarien viel empfindlicher als größere. Ein Regenwaldterrarium, das über einer Heizung steht, wird viel schneller austrocknen, als eines, das in der Zimmermitte plaziert wurde. Hier gilt: Lieber mehrmals täglich mit wenig Wasser sprühen.

Check Fragen rund ums Klima

- Wo soll das Terrarium stehen?
- Ist der Standort im Winter so warm oder so kühl wie im Sommer?
- Welches Klima braucht mein Tier?

Die Einrichtung

Ein großer Vorteil bei der Haltung von Insekten und anderen Wirbellosen ist, dass sie – bis auf sehr wenige Ausnahmen wie große Hirschkäfer oder größere Krebse – die Einrichtung nicht zerstören oder nach ihren eigenen Vorstellungen umbauen. Als die ersten Forscher exotische Insekten von ihren Expeditionen mitbrachten, um sie zu Hause zu beobachten, war die Grundidee für die daraus entstandene Terraristik im heimischen Wohnzimmer folgende: Ein Stück natürlichen Lebensraums sei es Wüste, Savanne oder Regenwald, nachzustellen und den Tieren eine möglichst naturgetreue Umgebung zu geben. Gerade Insekten bieten fantastische Möglichkeiten, genau das zu tun.

Bei natürlichen Materialien muss dabei auf einiges geachtet werden: Holz, Steine, Muscheln, Wurzeln und ähnliches sollten immer gut abgekocht werden. Je nach Herkunft dieses Dekomaterials befinden sich daran Bakterien, Mikroorganismen oder auch Salze (z. B. bei Muscheln), die den Tieren schaden könnten. Durch das Kochen werden Bakterien abgetötet und Salze gelöst.

Bei echten Pflanzen sollte man darauf achten, ob die Exoten im Terrarium Pflanzen fressen oder nicht. Denn viele Pflanzen haben giftige Blattsäfte, um Fressfeinde abzuwehren. In einer ausreichenden Dosis können sie tödlich

für die Terrarienbewohner sein. Pflanzen aus dem Handel sollte man gründlich abwaschen. Denn auf Blätter von kommerziell gezüchteten Pflanzen wird oft für die schönere Optik so genanntes Blattgrün aufgebracht. Pure Chemie, die leider kein Tier verträgt. Von eventuellen Pestiziden ganz zu schweigen.
In der Erde von Baumarktpflanzen befindet sich immer Dünger, daher sollten die Wurzelballen möglichst gut ausgewaschen und in ungedüngte Erde umgetopft werden. Verbliebener Dünger löst sich beim Gießen oder Sprühen und wird dann unter Umständen von den Wirbellosen als Trinkwasser aufgenommen. Da es sich in aller Regel um chemischen Dünger handelt kann das schädlich sein.
Ein Terrarium mit den richtigen Pflanzen und einem ausgewogenen Besatz kann als Biotop funktionieren. Wichtig ist, das Wachstum der Pflanzen ausreichend zu kontrollieren, um das Terrarium einigermaßen übersichtlich zu halten. Bei aller Naturnähe sollte der Pfleger immer das Terrarium gut überblicken können, um verletzte, kranke oder tote Tiere sowie Verunreinigungen bzw. tote Futtertiere entdecken zu können. Sollte dies nicht machbar sein, kann man auch Tiere mit in das Terrarium setzten, die diese Aufgabe übernehmen (s. S. 66).

Check Fragen zur Einrichtung

- Fressen meine Tiere Pflanzen?
- Klettern oder graben meine Tiere?
- Will ich echte oder künstliche Pflanzen?

Tausendfüßer vertilgen Futterreste, lockern den Boden und beseitigen etwaigen Schimmel.

Nutztiere im Terrarium

In der Aquaristik sind Nutztiere seit eh und je beliebt und im Gesellschaftsbecken nicht mehr wegzudenken. Ganz unabhängig davon, welche Fische in ein Aquarium eingesetzt werden sollen, wird ein gewissenhafter Verkäufer immer Welse oder Schmerlen empfehlen, die das Becken sauber halten, Futterreste vertilgen oder Algen beseitigen. In der Terraristik wurde diesem Thema bisher sehr wenig bis gar keine Aufmerksamkeit gewidmet.
Was im Aquarium Panzerwelse sind, sind im Terrarium die Tausendfüßer: fleißige und nützliche Mitbewohner, die Futterreste verschwinden lassen, den Bodengrund lockern und Schimmel beseitigen.
Für unterschiedliche Zwecke kann man die unterschiedlichsten Arten einsetzten – mehr dazu im Artenteil ab S. 64. Tausendfüßer stellen in einem gut funktionierenden Kleinbiotop eine Art Gesundheitspolizei dar. Durch ihre verträgliche Art kann man die Tiere bedenkenlos zu fast allen anderen Arten setzen.

Wirbellose kaufen

Dank des Internetzeitalters hat sich in Sachen Anschaffung und Verfügbarkeit vieler Tiere eine Menge getan. Die Interessengemeinschaften sind näher zusammengerückt. Früher war ein Austausch mit Gleichgesinnten sehr schwer. Heute meldet man sich im entsprechenden Internetforum an und findet selbst Nachzuchten seltener oder neuer Arten meist leicht.

Auch der Zoofachhandel hat bereits auf den Trend Insekten, Wirbellose und Nano-Terraristik reagiert. Viele Fachgeschäfte bieten eine gute Auswahl einfach zu pflegender Arten.

Immer mehr Zuspruch finden Terrarienbörsen. Auf den größeren, internationalen Börsen wächst der Anteil exotischer Insekten und anderer Wirbelloser stetig. Hier treffen sich Züchter aus aller Welt, um ihre Tiere anzubieten. Natürlich ziehen solche Massenveranstaltungen auch immer schwarze Schafe an. Allerdings ist momentan die Gefahr, bei Wirbellosen auf einen unseriösen Händler hereinzufallen wesentlich geringer als z. B. bei Reptilien. Zum einen ist der Bereich Insekten wesentlich spezieller, zum anderen sind Wirbellose, mit Ausnahme der Spinnen und Skorpione, noch nicht so weit in den Fokus der Geschäftemacher gerückt. Wer ein oder zwei Börsen besucht hat, kann schnell den engagierten Züchter erkennen. Trotzdem sollte man sich bei Spontankäufen sicher sein, der Aufgabe auch gewachsen zu sein. Schon vor dem Kauf sollte ein Terrarium bereitstehen und man sollte sich ausreichend mit dem Tier und seinen Ansprüchen beschäftigt haben.

Check | Wirbellose kaufen

- Haben die Tiere alle Beine?
- Sind die Tarsen – die kleinen Dornen am Ende der Beine z. B. bei Käfern und anderen Arten – komplett?
- Sind die Flügel und Fühler vollständig und nicht geknickt oder verfärbt?
- Haben die Mantiden schwarze Augen? Das kann auf einen Pilzbefall oder ein hohes Alter hindeuten!
- Reagieren die Tiere auf Reize und sind fit?
- Was wurde bisher gefressen und wie oft?
- Unter welchen Haltungsbedingungen (Temperatur und Luftfeuchte!) lebten die Tiere bisher?
- Wie alt und in welchem Entwicklungsstadium ist der Exot?
- Sind die Tiere Einzelgänger oder leben sie in der Gruppe?

Wildfang oder Nachzucht?

Die Frage, ob man sich Wildfänge, also der Natur entnommene Tiere hält, oder auf Nachzuchten zurückgreift spaltet die Welt der Terrarianer in zwei Hälften. Die einen verteufeln Wildfänge und schwören auf Nachzuchten, andere haben mit Wildfängen kein Problem. Es gibt keine allgemein gültige Lösung für dieses Für und Wider, jeder muss das für sich entscheiden. Beide Lager haben logische Argumente, aber gerade bei Insekten ist da oft zu viel Benzin im Feuer, denn was Insekten im Allgemeinen auszeichnet ist ihre enorme Reproduktionsrate. Glücklicherweise macht es diese bei vielen Arten überflüssig, der Natur weitere Exemplare zu entnehmen. Gleichzeitig ist sie aber auch das Hauptargument dafür, dass für den natürlichen Bestand keine Gefahr besteht, wenn kontrolliert und vernünftig Wildfänge exportiert werden.

Auch um die Zuchtstämme zu erhalten, muss hin und wieder frisches Blut in die Zuchtlinie gebracht werden, wozu der Natur entnommene Tiere fast unverzichtbar sind. Prinzipiell ist es absolut richtig, möglichst auf Nachzuchten zurückzugreifen. Aber um dem Hobby neue Tiere vorzustellen und als Zuchten zu etablieren wird die gesamte Szene, egal welchen Standpunkt man vertreten mag, nicht um Wildfänge herumkommen.

Beim Kauf sollte man sich Zeit lassen und die Tiere, hier *Eurycnema versirubra*, auf Schäden untersuchen.

Käfer wie diesen *Eudicella gralli* transportiert man gut in Heimchendosen mit Küchenpapier.

Transport

Je nach Größe der Wirbellosen bieten sich zum Transport diverse Plastikdosen mit Deckel an. Diese sollten selbstverständlich immer mit Luftlöchern versehen sein. Sollte man die Luftlöcher selbst in ein Transportgefäß stechen müssen, muss man dies von innen nach außen tun. So vermeidet man im Inneren der Dose die winzigen scharfen Kanten rund um die Löcher, an denen die Exoten sich verletzen könnten.

Im Allgemeinen sollte die Dose nur so groß sein, dass das Tier ausgestreckt hineinpasst und nur wenig Bewegungsfreiheit hat. Sind die Dosen zu klein, können Flügel oder Fühler abknicken. Sind die Behälter zu groß, können die Tiere bei Erschütterung hin und her fallen, was ebenfalls zu Verletzungen führen kann. Schnecken sollte man rund herum so mit feuchtem Küchenpapier auspolstern, dass sie sich gar nicht bewegen können. So werden Schäden am Gehäuse verhindert.

Das Transportgefäß sollte immer mit Küchentuch oder Toilettenpapier ausgekleidet werden. Je nach Art des transportierten Tieres und der Länge des Transports sollte das Tuch leicht feucht sein. So halten die Tiere ein bis zwei Tage lang gut durch. Erde oder Stöcke zum Festhalten sollten nicht verwendet werden! Wenn eine Transportschachtel herunterfällt oder versehentlich geschüttelt wird, kann Erde oder anderes Substrat die Wirbellosen unter sich begraben. Stöcke oder andere Dekoration können sie in einem solchen Fall einklemmen. Arten, die sich gerne irgendwo festhalten, wie Mantiden oder Phasmiden, kann man zusätzlich ein Stück Küchenpapier unter den Deckel spannen. Diese Methode hat sich sehr gut bewährt.

In der Regel sollten die Tiere einzeln zum Transport verpackt sein. Das verringert zum einen Stress, zum anderen das Verletzungsrisiko.

Futter gehört nicht in die Box. Zum einen werden die Exoten bei der Aufregung nicht fressen, zum anderen können Futterinsekten wie Heimchen die Tiere im geschlossenen Behälter leicht anknabbern, da Ausweichmöglichkeiten fehlen. Die Zeit des Transports überstehen alle Wirbellosen problemlos ohne Futter.

Fütterung

Grünfutter

Jede Art hat ihr bevorzugtes Futter. Es gibt aber ein paar Grundsätze, die man im Allgemeinen zum Thema Futter berücksichtigen kann. So gilt für alle Tiere, die sich von Obst oder Gemüse ernähren: Je frischer, desto besser. Alles, was die Tiere angeboten bekommen, sollte gut gewaschen und frei von Pestiziden sein. Bei Bananen sollte zum Beispiel die Schale immer entfernt werden, da sie Giftstoffe enthalten kann. Sogar Bioprodukte müssen immer gewaschen werden – auch hier kommen Mittel zum Einsatz, die zwar biologisch, für Insekten aber schädlich sind. Wer Salat verfüttert, sollte auf nährstoffreiche Arten wie Rucola, Roma- oder Feldsalat zurückgreifen. Eisbergsalat enthält fast nur Wasser und kaum Nährstoffe.

Wer Brombeeräste oder Ähnliches in der Natur sammelt, sollte darauf achten, dass sie möglichst abseits von Straßen und Häusern wachsen. In Straßennähe sind die Pflanzen mit Abgasen belastet, in Gebäudenähe werden Brombeersträucher oft (vergeblich) mittels Unkraut-Ex bekämpft. Beides kann für Terarrientiere tödlich enden. Auch sollte man ein Auge darauf haben, dass man keine Tiere aus der Natur ins Terrarium einschleppt.

Futterinsekten

Jeder gute Zooladen führt in der Zwischenzeit Futterinsekten. Wessen Pfleglinge also lebendes Futter benötigen, dem wird im Fachhandel geholfen. Wichtig hierbei ist, einen Blick in die Schachtel zu werfen. Eine kurze Kontrolle, ob die Heimchen, Grillen oder Heuschrecken fit sind und nicht zu viele tot in der Schachtel liegen hilft, große Ausfälle bei den Futtertieren zu vermeiden. Zu Hause sollte man den Futtertieren Haferflocken oder Cornflakes, Gemüse und Flüssigkeit mittels einem Wassergel anbieten. Dies steigert die Lebenserwartung der Tiere und auch den Nährwert. Vorsicht: Bei industriellen Zuchten kam es in der Vergangenheit schon vor, dass die Futterinsekten unter einem Pilz oder einem Virus gelitten haben. Da es sich bei Futterinsekten oft um Verwandte unserer Terrarientiere handelt, sollte man darauf ein besonderes Auge haben. Denn solche Erkrankungen können für andere Wirbellose ansteckend sein.

Wer größere Bestände pflegt und ohnehin Spaß an Insekten hat, züchtet seine Futtertiere selbst. Aber bitte immer daran denken: Selbst wenn es „nur" Futtertiere sind, müssen auch sie artgerecht gepflegt werden.

Phasmiden wie diese *Trachyaretaon brueckneri* kann man gut mit selbst gesammeltem Grünfutter versorgen.

Insekten im Porträt

Allgemeines zum Artenteil

Zu jeder Art habe ich vermerkt, mit welchem Pflegeaufwand bzw. Schwierigkeitsgrad in der Haltung der Wirbellosen-Fan ungefähr rechnen muss. Das soll die Auswahl für Einsteiger erleichtern und die Kaufentscheidung stützen. Außerdem ermöglicht es einen besseren Überblick über den Pflegeaufwand und die Ansprüche der Tiere:

Der Rosenkäfer *Pachnoda spec.* ist leicht zu pflegen und gut für Einsteiger geeignet.

Schwierigkeitsgrad 1: Sehr gut für Anfänger geeignet. Einfach zu schaffendes Klima, keine besonderen Futteransprüche. Kein oder nur unbedenkliches Abwehrsekret. Oft sind diese Tiere auch sehr einfach zu züchten.

Schwierigkeitsgrad 2: Für fortgeschrittene Terrarianer. Entweder benötigen die Exoten ein künstlich zu schaffendes Klima, wie zum Beispiel hohe Luftfeuchtigkeit, oder stellen besondere Ansprüche ans Futter.

Schwierigkeitsgrad 3: Nur für erfahrene Insektenhalter. Diese Wirbellosen benötigen entweder ein sehr spezielles Klima, sind Futterspezialisten oder besitzen wirksames Gift. Viele dieser Tiere sind nur unter ganz bestimmten Bedingungen zu züchten oder gelten in Gefangenschaft als unzüchtbar.

Schwieriger ist die Haltung des Wandelnden Blatts, da es ein spezielles Klima benötigt.

Gottesanbeterinnen

Gottesanbeterinnen, oder auch Mantiden, findet man fast überall auf der Welt – auch in den warmen Regionen Europas. Allerdings sind unsere europäischen Arten streng geschützt.
Die skurrilen Geschöpfe wirken mysteriös und unwirklich: Manche Arten imitieren Blätter oder Äste. Andere tragen riesige Pfauenaugen auf ihrem Rücken. Wieder andere sehen aus, als wären sie komplett mit Stacheln bewehrt. Die Gottesanbeterin hat viele Strategien der Tarnung entwickelt, dabei ist sie selbst ein geschickter und erfolgreicher Jäger.
Die meisten der für die Terraristik interessanten Arten stammen aus Afrika oder Asien. Dort gibt es eine unglaubliche Artenvielfalt und die Tiere haben die ungewöhnlichsten Formen angenommen. Es gibt Blatt- oder Blütennachahmer, solche, die das Aussehen anderer Spezies annehmen, um Feinde abzuschrecken, Mantiden, die sich im Boden vergraben und vieles mehr.
Sehr viele Arten werden seit langem erfolgreich gezüchtet und es kommen immer mehr hinzu, so dass auch anspruchsvollere Arten in der Zwischenzeit als stabile Nachzuchten den Weg in den Fachhandel gefunden haben.
Gottesanbeterinnen sind Einzelgänger, ihr wohl bekanntestes Verhalten ist die Angewohnheit der Weibchen, ihre Männchen teilweise schon während der Paarung zu fressen. Der erfahrene Züchter weiß dies zu verhindern – zumindest in den meisten Fällen. Wenn man dem Weibchen vor und während der Paarung ausreichend Futter anbietet, ist es zu beschäftigt, um das Männchen anzugreifen. Auch eine Paarung außerhalb des Terrariums in der Wohnung hilft dem Männchen besser (und vor allem außer Reichweite) fliehen zu können. Aus diesem Grund sind die Männchen der meisten Arten im Gegensatz zu den Weibchen flugfähig. Trotzdem ist diese „Angewohnheit" natürlich für den Einsteiger ein deutliches Signal: Mantiden sollte man unter allen Umständen einzeln pflegen. Entsprechend klein fällt der Platzbedarf aus. Als Lauerjäger sind die Tiere ohnehin nicht die agilsten – was nicht heißt, sie wären nicht schnell! Bei einer Störung oder Bedrohung sind sie genauso flink wie beim Beutefang.
Ein Mantidenterrarium kann nach Belieben eingerichtet werden. Wichtig sind Klettermöglichkeiten und ein geeigneter Platz für die Häutung. Mantiden durchleben verschiedene Larvenstadien, die Weibchen mit ihren sieben Häutungen eins mehr als die Männchen. Ausgewachsene Tiere erkennt man in der Regel an der ausgeprägten Flügeldecke, wobei bei den meisten Arten nur die Männchen fliegen können. Die Flügel der männlichen Tiere sind daher immer länger, die der Weibchen enden oft am Hinterleib oder noch davor.
Gottesanbeterinnen gibt es in allen „Schwierigkeitsgraden" und für jeden Geschmack ist etwas dabei. Mantiden sind Jäger und erbeuten Insekten in entsprechender Größe. Im Terrarium sind die Tiere mit Grillen, Heimchen, Fliegen völlig ausreichend zu ernähren.

Kleine Teufelsblume

Blepharopsis mendica

Herkunft: Indien.
Terrarientyp: B.
Schwierigkeitsgrad: 1.
Größe: Ca. 6–7cm, Männchen kleiner.
Temperatur: 24–30°C, nachts kühler.
Luftfeuchtigkeit: 50–60%.
Futter: Insekten in entsprechender Größe, je nach Larvenstadium.
Aktivität: Tagaktiv.
Haltungsform: Einzelgänger.
Lebensweise: Auf Sträuchern oder Gräsern.
Zucht: Im Terrarium ohne Probleme möglich. Nach der Paarung legen die Weibchen nach und nach mehrere Ootheken (Schaumnester, in denen die Eier reifen).
Vergesellschaftung: Mit Arten möglich, die nicht als Beute in Frage kommen, zum Beispiel Hirschkäfer, Schnecken, Tausendfüßer.
Sonstiges: Die kleine Teufelsblume stammt aus relativ trockenen Gebieten. Da es dort um die Mittagszeit sehr heiß werden kann, kann man den Tieren auch stundenweise eine Wärmelampe zum Sonnen zuschalten.

Asiatische Blütenmantis
Creobroter gemmatus

Herkunft: Indonesien.
Terrarientyp: C.
Schwierigkeitsgrad: 2–3.
Größe: Bis ca. 4 cm, die Männchen sind dünner.
Temperatur: 25–28 °C, nachts ca. 25 °C.
Luftfeuchtigkeit: 70–80 %.
Futter: Insekten in entsprechender Größe, je nach Larvenstadium.
Aktivität: Tagaktiv.
Haltungsform: Einzelgänger.
Lebensweise: Auf Sträuchern oder Gräsern, Blütenpflanzen.
Zucht und Vergesellschaftung: Siehe Kleine Teufelsblume, Seite 30.
Sonstiges: Blütenmantiden sind in ihren Haltungsparametern etwas anspruchsvoller. Sie brauchen tagsüber recht hohe Temperaturen und eine hohe Luftfeuchtigkeit, allerdings darf dabei keine Staunässe entstehen. Am besten wird täglich mehrmals mit kleinen Mengen Wasser gesprüht.

Wandelnde Geige
Gongylus gongylodes

Herkunft: Zentralasien.
Terrarientyp: A oder B.
Schwierigkeitsgrad: 2.
Größe: Bis 11 cm, die Männchen haben längere und dickere Fühler.
Temperatur: Tagsüber 30–40 °C, mit Nachtabsenkung.
Luftfeuchtigkeit: 50–60 %.
Futter: Insekten in entsprechender Größe, je nach Larvenstadium. Bevorzugt Fluginsekten.
Aktivität: Tagaktiv.
Haltungsform: Einzeln oder Gruppen.
Lebensweise: Auf Sträuchern oder Gräsern.
Zucht und Vergesellschaftung: Siehe Kleine Teufelsblume, Seite 30.
Sonstiges: Die Wandelnde Geige ist eine der wenigen Mantiden, die auch als Gruppe erfolgreich gepflegt werden kann. Dafür sind allerdings recht große Terrarien notwendig, da die Tiere eine stolze Größe erreichen!

Indische Riesenmantis
Hierodula membranacea

Herkunft: Indien.
Terrarientyp: B.
Schwierigkeitsgrad: 1.
Größe: Bis ca. 10 cm, die Männchen sind dünner als die Weibchen.
Temperatur: 21–28°C.
Luftfeuchtigkeit: 50–60%.
Futter: Insekten in entsprechender Größe, je nach Larvenstadium.
Aktivität: Tagaktiv.
Haltungsform: Einzelgänger.
Lebensweise: Auf Sträuchern oder Gräsern.
Zucht: Im Terrarium ohne Probleme möglich. Nach der Paarung legen die Weibchen nach und nach mehrere Ootheken (Schaumnester, in denen die Eier reifen).
Vergesellschaftung: Möglich mit Wirbellosen, die nicht als Beute in Frage kommen, z. B. Hirschkäfer, Schnecken, Tausendfüßer.
Sonstiges: Es gibt engagierte Züchter, die *Hirodula membranacea* auch in Gruppen halten. Zumindest bis zum dritten oder vierten Larvenstadium ist das problemlos möglich. Danach sollten die Tiere jedoch getrennt werden, um Kannibalismus vorzubeugen.

Orchideenmantis
Hymenopus coronatus

Herkunft: Indonesien.
Terrarientyp: C.
Schwierigkeitsgrad: 2–3.
Größe: Bis ca. 7 cm, die Männchen sind nur ca. 3–5 cm groß.
Temperatur: 25–32 °C, nachts ca. 25 °C.
Luftfeuchtigkeit: 70–80 %.
Futter: Insekten in entsprechender Größe, je nach Larvenstadium.
Aktivität: Tagaktiv.
Haltungsform: Einzelgänger.
Lebensweise: Auf Sträuchern oder Gräsern, Blütenpflanzen.
Zucht: Im Terrarium ohne Probleme möglich. Nach der Paarung legen die Weibchen nach und nach mehrere Ootheken (Schaumnester, in denen die Eier reifen).
Vergesellschaftung: Mit Tieren möglich, die nicht als Beute in Frage kommen, zum Beispiel Hirschkäfer, Schnecken, Tausendfüßer.
Sonstiges: Orchideenmantiden sind nicht ganz einfach zu pflegende Tiere und man sollte ein wenig Erfahrung haben, bevor man sich an diese Art heranwagt. Die Art braucht tagsüber sehr hohe Temperaturen und eine hohe Luftfeuchtigkeit.

Große Teufelsblume
Idolomantis diabolica

Herkunft: Ostafrika.
Terrarientyp: B.
Schwierigkeitsgrad: 2–3.
Größe: Bis ca. 12 cm.
Temperatur: 21–25°C.
Luftfeuchtigkeit: 60–70%.
Futter: Insekten in entsprechender Größe, je nach Larvenstadium.
Aktivität: Tagaktiv.
Haltungsform: Einzelgänger.
Lebensweise: Auf Sträuchern oder Gräsern.
Zucht: Im Terrarium ohne Probleme möglich. Nach der Paarung legen die Weibchen nach und nach mehrere Ootheken (Schaumnester, in denen die Eier reifen).
Vergesellschaftung: Mit Wirbellosen, die nicht als Beute in Frage kommen: Hirschkäfer, Schnecken, Tausendfüßer o.Ä.
Sonstiges: Sicher eine der spektakulärsten Arten überhaupt. Achtung: Wildfänge werden hin und wieder sehr teuer angeboten. Diese Tiere sind allerdings extrem schwer zu halten und die Pflege von Exemplaren, die aus der Natur entnommen wurden, sollte Haltern mit Erfahrung vorbehalten sein. Glücklicherweise gibt es aber auch regelmäßig wunderschöne Nachzuchten, die interessanterweise sehr stabil und gut zu pflegen sind.

Bunte Ostafrika-Mantis
Parasphendale agrionina

Herkunft: Ostafrika.
Terrarientyp: B.
Schwierigkeitsgrad: 1–2.
Größe: 6–7 cm, die Männchen sind dünner als die Weibchen.
Temperatur: 23–28 °C.
Luftfeuchtigkeit: 50–60 %.
Futter: Insekten in entsprechender Größe, je nach Larvenstadium.
Aktivität: Tagaktiv.
Haltungsform: Einzelgänger.
Lebensweise: Auf Sträuchern oder Gräsern.
Zucht: Im Terrarium ohne Probleme möglich. Nach der Paarung legen die Weibchen nach und nach mehrere Ootheken (Schaumnester, in denen die Eier reifen).
Vergesellschaftung: Mit Tieren möglich, die nicht als Beute in Frage kommen, zum Beispiel Hirschkäfer, Schnecken, Tausendfüßer.
Sonstiges: Eine recht aggressive Art, die ein sehr auffälliges und beeindruckendes Drohverhalten hat. Wenn die Tiere ihre Verteidigungsposition einnehmen, kommen alle Farben und die ausgeprägte Zeichnung der Fangarme zur Geltung. Als Larve sind diese Exoten sehr unscheinbar. Hier zeigt sich einmal mehr die unglaubliche Verwandlung, die Mantiden während ihrer Entwicklung durchlaufen.

Gespenstermantis
Phyllocrania paradoxa

Herkunft: In Afrika weit verbreitet.
Terrarientyp: B.
Schwierigkeitsgrad: 1.
Größe: Bis 6 cm, die Männchen haben längere und dickere Fühler.
Temperatur: 24–28 °C.
Luftfeuchtigkeit: 50–60 %.
Futter: Insekten in entsprechender Größe, je nach Larvenstadium.
Aktivität: Tagaktiv.
Haltungsform: Einzelgänger.
Lebensweise: Auf Sträuchern oder Gräsern.
Zucht: Im Terrarium ohne Probleme möglich. Nach der Paarung legen die Weibchen nach und nach mehrere Ootheken (Schaumnester, in denen die Eier reifen).
Vergesellschaftung: Mit Arten möglich, die nicht als Beute in Frage kommen, z. B. Hirschkäfer, Schnecken, Tausendfüßer.
Sonstiges: Die Gespenstermantis tarnt sich als Laub. Die Tiere haben ein sehr spektakuläres Aussehen. Diese Art ist zumindest eine Zeit lang gut als Gruppe zu pflegen und sehr gut als Anfängertier geeignet, auch weil sie dem Pfleger gegenüber nicht aggressiv ist.

Einhornmantis
Phyllovates chlorophaea

Herkunft: Texas, USA.
Terrarientyp: B.
Schwierigkeitsgrad: 2.
Größe: Bis 8 cm, die Männchen etwas kleiner.
Temperatur: 26–35 °C.
Luftfeuchtigkeit: 50–60 %.
Futter: Insekten in entsprechender Größe, je nach Larvenstadium.
Aktivität: Tagaktiv.
Haltungsform: Einzelgänger.
Lebensweise: Auf Sträuchern oder Gräsern.
Zucht: Im Terrarium ohne Probleme möglich. Nach der Paarung legen die Weibchen nach und nach mehrere Ootheken.
Vergesellschaftung: Mit Arten möglich, die nicht als Beute in Frage kommen. Zum Beispiel Hirschkäfer, Schnecken, Tausendfüßer.
Sonstiges: Auch die aus den USA stammende Einhornmatis kann, wenn genügend Platz und vor allem genügend Futter vorhanden ist, als Gruppe gehalten werden. Wichtig ist, dass ausreichend Futter angeboten wird. Ein satter Kannibale wird seine Artgenossen nicht fressen.

Ostafrikanische Blütenmantis
Pseudocreobotra wahlbergii

Herkunft: Ostafrika.
Terrarientyp: B.
Schwierigkeitsgrad: 1–2.
Größe: Ca. 4 cm, die Männer sind dünner als die Weibchen.
Temperatur: 22–30 °C.
Luftfeuchtigkeit: 50–60 %.
Futter: Insekten in entsprechender Größe, je nach Larvenstadium.
Aktivität: Tagaktiv.
Haltungsform: Einzelgänger.
Lebensweise: Auf Sträuchern oder Gräsern.
Zucht: Im Terrarium ohne Probleme möglich. Nach der Paarung legen die Weibchen nach und nach mehrere Ootheken (Schaumnester, in denen die Eier reifen).
Vergesellschaftung: Mit Arten möglich, die nicht als Beute in Frage kommen. Zum Beispiel Hirschkäfer, Schnecken, Tausendfüßer.
Sonstiges: Das große bunte Pfauenauge auf dem Rücken soll Fressfeinde abschrecken. Das Aussehen der Blütenmantiden verändert sich nach der Reifehäutung komplett. Aus der kompakten, stacheligen Larve wird eine bunte, längliche Mantide.

Grüne Gottesanbeterin
Sphodromantis viridis

Herkunft: In Afrika weit verbreitet.
Terrarientyp: B.
Schwierigkeitsgrad: 1.
Größe: Bis 7 cm.
Temperatur: 21–28°C.
Luftfeuchtigkeit: 50–60%.
Futter: Insekten in entsprechender Größe, je nach Larvenstadium.
Aktivität: Tagaktiv.
Haltungsform: Einzelgänger.
Lebensweise: Auf Sträuchern oder Gräsern. Zur Tarnung oft auf Blättern oder Pflanzenstengeln.
Zucht: Im Terrarium ohne Probleme möglich. Nach der Paarung legen die Weibchen nach und nach mehrere Ootheken.
Vergesellschaftung: Möglich mit Wirbellosen, die nicht als Beute in Frage kommen, z. B. Hirschkäfer, Schnecken, Tausendfüßer.
Sonstiges: Es gibt relativ viele Sphodromantis-Arten, die regelmäßig gezüchtet werden. Daher ist *Sphodromantis viridis* nur ein Beispiel für viele weitere, gut zu pflegende Arten. Optisch sind diese oft nur durch Nuancen voneinander zu unterscheiden, was selbst für Kenner eine Herausforderung ist.

Gespenstschrecken

Schon die deutschen Namen dieser Tiere sagen alles aus: „Wandelndes Blatt“, „Stabschrecke“, „Wandelnder Ast“. Phasmiden sind absolute Meister der Tarnung, egal ob als Laub, Stock oder Ast. In der Natur sind die Tiere kaum zu entdecken, auch wenn sie zu Hunderten in einem Busch hängen. Auch im Terrarium hat man es mitunter schwer, alle seine Pfleglinge auf einen Blick zu entdecken. Erst wenn Bewegung ins Spiel kommt wird deutlich, wo der Ast aufhört und das Tier anfängt. Und das obwohl manche Arten über 30 Zentimeter, einige neu entdeckte Tiere sogar fast einen halben Meter groß werden können!

Meister der Tarnung: *Eurycnema versirubra*, eine der größten Phasmiden-Arten.

Die meisten Phasmiden haben keine aktive Abwehr Feinden gegenüber und verlassen sich komplett auf ihre perfekte Tarnung. Aber es gibt auch Ausnahmen, die Gespenst- und Dornschrecken beispielsweise, die mit ihren kräftigen Stacheln an den Beinen arbeiten. Einige wenige Arten versprühen auch ein essigartiges Abwehrsekret. Für Menschen ist das in der Regel ungefährlich, es riecht allerdings wirklich widerlich und sollte nicht in die Augen gelangen.
Der größte Teil der Phasmiden ist einfach zu pflegen und zu züchten. Ein Großteil ernährt sich von Brombeerblättern oder Eichenlaub und ist somit auch bei uns das ganze Jahr einfach zu ernähren. Andere sind auf Liguster oder Rosengewächse spezialisiert, was auch kein Problem darstellt. Natürlich gibt es auch Nahrungsspezialisten, diese werden aber kaum im Handel angeboten.
Alle Arten sind in der Lage, sich parthenogenetisch zu vermehren: Die Weibchen können, auch ohne von einem Männchen befruchtet worden zu sein, Eier legen, aus denen Jungtiere schlüpfen. Aus diesen Eiern sc
hlüpfen allerdings ausschließlich Weibchen. Langfristige Zuchten haben erwiesen, dass bei reiner Parthenogene die Schlupfrate immer weiter zurückgeht – für einen langfristigen Zuchterfolg sind also Männchen notwendig.

Riesen-Dornschrecke
Eurycantha calcarata

Herkunft: Neuguinea.
Terrarientyp: D.
Schwierigkeitsgrad: 2.
Größe: Weibchen ca. 15 cm. Männchen ca. 12 cm.
Temperatur: 24–28°C.
Luftfeuchtigkeit: 70–80%.
Futter: Brombeeren- oder Eichenlaub.
Aktivität: Tagaktiv.
Haltungsform: In Gruppen. Nur wenn zu wenig Futter im Terrarium ist kann es vorkommen, dass die Tiere sich gegenseitig anfressen.
Lebensweise: Immer auf ihrer Futterpflanze.
Zucht: Die Eier werden einfach fallen gelassen und entwickeln sich mehrere Monate lang.
Vergesellschaftung: Problemlos möglich. Bei Larven auf Fressfeinde achten.
Sonstiges: Wie der Name schon sagt, ist die prächtige Riesen-Dornschrecke überall mit Dornen bedeckt. Diese Art ist ein besonders beliebtes Terrarientier, weil sie leicht zu pflegen und zu züchten ist. Noch dazu ist sie eine der auffälligsten Phasmidenarten, die durch ihre hohe Vermehrungsrate sehr oft anzutreffen ist.

Australische Riesengespenstschrecke

Extatosoma tiaratum

Herkunft: Australien.
Terrarientyp: D.
Schwierigkeitsgrad: 1–2.
Größe: Ca. 15 cm. Männchen sind schmaler und dünner.
Temperatur: 22–26 °C.
Luftfeuchtigkeit: 60–70 %.
Futter: Brombeeren- oder Eichenlaub.
Aktivität: Tagaktiv.
Haltungsform: In Gruppen. Nur wenn zu wenig Futter im Terrarium ist kann es vorkommen, dass die Tiere sich gegenseitig anfressen.
Lebensweise: Immer auf ihrer Futterpflanze.
Zucht: Die Eier werden einfach fallen gelassen und entwickeln sich mehrere Monate lang. Ein Substrat wird nicht benötigt.
Vergesellschaftung: Eigentlich problemlos möglich. Nur bei kleinen Larven sollte man auf Fressfeinde achten.
Sonstiges: Australische Gespenstschrecken verteidigen sich, indem sie mit den Hinterbeinen zuschlagen. Durch die Dornen, die sich an den Beinen befinden, ist dies auch sehr effektiv. Die Männchen haben lange Flügel und sind flugfähig. Die kräftigen, großen Weibchen haben nur kurze Flügelstummel.

Dschungelnymphe
Heteropteryx dilatata

Herkunft: Malysia.
Terrarientyp: D.
Schwierigkeitsgrad: 2–3.
Größe: Ca. 17 cm und 70 g schwer. Männchen schmaler und dünner.
Temperatur: 22–26 °C.
Luftfeuchtigkeit: 70–80 %.
Futter: Brombeeren- oder Eichenlaub.
Aktivität: Tagaktiv.
Haltungsform: In Gruppen. Nur wenn zu wenig Futter im Terrarium ist kann es vorkommen, dass die Tiere sich gegenseitig anfressen. Daher hin und wieder auf Fraß-Spuren überprüfen.
Lebensweise: Immer auf ihrer Futterpflanze.
Zucht: Wer dauerhaft züchten will, sollte immer Männchen in der Gruppe haben. Die Eier werden einfach fallen gelassen und entwickeln sich bis zu 13 Monate lang.
Vergesellschaftung: Eigentlich problemlos möglich. Nur bei kleinen Larven sollte man auf Fressfeinde achten.
Sonstiges: Die Dschungelnymphe, oder auch Malaiische Riesengespenstschrecke, ist das schwerste Insekt der Erde. Auch diese Schrecken verteidigen sich gegen Feinde mit den stacheligen Hinterbeinen. Noch dazu erzeugen die Tiere mit den Flügeln ein lautes Fauchen.

Peruanische Samtschrecke
Peruphasma schultei

Herkunft: Peru.
Terrarientyp: D.
Schwierigkeitsgrad: 2.
Größe: Ca. 7cm, Männchen kleiner.
Temperatur: 22–26°C.
Luftfeuchtigkeit: 70–80%.
Futter: Liguster- oder Fliederblätter.
Aktivität: Tagaktiv.
Haltungsform: In Gruppen.
Lebensweise: Immer auf ihrer Futterpflanze.
Zucht: Die Eier werden einfach fallen gelassen und entwickeln sich mehrere Monate lang.
Vergesellschaftung: Eigentlich problemlos möglich. Nur bei kleinen Larven sollte man auf Fressfeinde achten.
Sonstiges: Die Peruanische Samtschrecke gibt bei Gefahr recht schnell ein essigähnliches Abwehrsekret ab, das extrem unangenehm riecht und stark in den Augen brennt. Man sollte die Tiere nie festhalten, sondern immer auf die Hand oder in eine kleine Schachtel laufen lassen.

Großes Wandelndes Blatt
Phyllium giganteum

Herkunft: Malaysia.
Terrarientyp: D.
Schwierigkeitsgrad: 3.
Größe: Ca. 12 cm.
Temperatur: 22–26 °C.
Luftfeuchtigkeit: 70–80 % ohne stehende Nässe.
Futter: Brombeeren- oder Eichenlaub.
Aktivität: Tagaktiv.
Haltungsform: In Gruppen. Nur wenn zu wenig Futter im Terrarium ist kann es vorkommen, dass die Tiere sich gegenseitig anfressen.
Lebensweise: Immer auf ihrer Futterpflanze.
Zucht: Die Eier werden einfach fallen gelassen und entwickeln sich bis zu 13 Monate lang.
Vergesellschaftung: Eigentlich problemlos möglich. Nur bei kleinen Larven sollte man auf Fressfeinde achten.
Sonstiges: Wandelnde Blätter sind sehr beliebt, allerdings nicht ganz einfach in der Pflege. Obwohl sie eine gleichmäßig hohe Luftfeuchtigkeit brauchen, dürfen sie nicht direkt angesprüht werden. Direktes Ansprühen wird von den Exoten nicht vertragen, sie bekommen dunkle Flecken und sterben. Bei drohendem Regen suchen die Tiere in der Natur deshalb unter Blättern Schutz – sie reagieren auf den sich verändernden Luftdruck.

Tropische Hirschkäfer

Über zwei Drittel aller Tierarten auf der Welt sind Käfer. Kaum vorstellbar um wie viele tausend Arten es dabei geht und in wie vielen verschiedenen Farben und Formen es Käfer gibt. Da gilt tatsächlich das geflügelte Wort: „Es gibt nichts, was es nicht gibt".

Die Haltung von Hirschkäfern hat eine lange Tradition in vielen Teilen Asiens. Dort bekommen Kinder zu Beginn der Pubertät eine frische Hirschkäferlarve geschenkt. Somit wird dem Kind erstmalig die Verantwortung für ein Tier übertragen. Die Larven dieser großen und spektakulären Käfer brauchen für ihre Entwicklung je nach Art oft sechs Jahre und mehr. Wenn das Kind zum Erwachsenen wird und die Pubertät vorüber ist, wird auch aus der Larve ein prachtvoller Käfer. Diese Tradition und die dadurch entstandene Begeisterung für Hirschkäfer haben in Japan oder Taiwan zu einem riesigen Markt für Käfer geführt. Spezialgeschäfte, Käferautomaten und sogar Hochglanzmagazine sind nur die Spitze des Eisbergs.

Dieser Weinrote Hirschkäfer *Prosopocoilus astacoides* nimmt gerne das „Beetle Jelly" genannte Spezialfutter an.

In Europa sind die fertigen Käfer weitaus mehr im Mittelpunkt des Interesses als eine jahrelange Pflege der Larven. Hier werden sie wegen ihrer imposanten Größe, der schillernden Farben oder ihrer beeindruckenden Geweihe und Hörner immer öfter als Terrarientiere gehalten und auch gezüchtet.
Die angebotene Artenvielfalt ist inzwischen riesig und auch die Pflege ist kein Geheimnis mehr. Am besten hält man Männchen und Weibchen in getrennten Behältern, da die Männchen den Weibchen oft zu viel Stress bereiten, der für die Weibchen tatsächlich tödlich sein kann.
Die Geschlechter bei Hirschkäfern lassen sich meist problemlos bestimmen, denn während die Männchen immer groß und stattlich sind, Hörner oder Geweihe tragen, sind die Weibchen meist nur wenige Zentimeter groß und ohne Kopfschmuck. Auch wenn die Männchen zehn Zentimeter oder größer sind, kann es vorkommen, dass das dazu gehörige Weibchen nur zwei Zentimeter misst.
Wenn der Käfer aus seiner Puppe geschlüpft ist, also ein so genannter Imago ist, wächst er nicht mehr. Die Größe des Käfers hängt nur vom Ernährungszustand der Larve ab. Je mehr Futter die Larve für ihr Wachstum finden konnte, umso größer wird schließlich der Käfer. Nach den vielen Jahren der Entwicklung bleibt den Käfern nur wenig Zeit, denn fast alle Arten leben nur einen Sommer lang. Die Lebenserwartung liegt meist zwischen sechs Monaten und einem Jahr.
Einerseits ist das eine traurige Tatsache, sie bietet aber dem Käferhalter immer wieder die Chance, sich für eine neue Art und neue Tiere zu begeistern. Noch dazu können die Käfer mit wenig Aufwand schön präpariert werden und verändern auch ihr Aussehen dadurch nicht.

Ein beeindruckendes Männchen von *Dorcus titanus*.

Wichtig für eine erfolgreiche Haltung der Exoten ist ständig verfügbare Nahrung. Auch da hilft der asiatische Markt sehr, denn dort wurden sehr gute und spezielle Futtermittel, darunter so genanntes „Beetle Jelly“, entwickelt. Diese Käfernahrung entspricht dem, was die Tiere als Futterspezialisten in der Natur an Baumsäften und Obst fressen. Gleichzeitig sind Proteine hinzugefügt, was den Käfern mehr Energie gibt. Tatsächlich leben die Tiere mit dieser Ernährung auch länger im Vergleich zu einer Haltung mit reinem Obst. Zwischenzeitlich sind diese Futtermittel auch bei uns angekommen.

Grüner Hirschkäfer
Allotopus rosenbergi

Herkunft: Indonesien.
Terrarientyp: C.
Schwierigkeitsgrad: 2–3.
Größe: Männchen 6–8 cm, Weibchen ca. 4 cm.
Temperatur: 25–29 °C.
Luftfeuchtigkeit: 60–80 %.
Futter: Süßes Obst, Beetle Jelly. Die Larven faules Holz und Laub.
Aktivität: Nachtaktiv.
Haltungsform: Zwar verstehen sich Männchen und Weibchen, wegen der hohen Paarungsbereitschaft der Männchen sollten Paare allerdings immer getrennt gepflegt werden. Männchen sind untereinander absolut unverträglich und beginnen sofort zu kämpfen.
Lebensweise: In Regenwäldern, oft im Boden vergraben, nachts auch auf Bäumen wo sie aus Baumwunden Säfte fressen.
Zucht: Die Weibchen vergraben die Eier, aus denen Larven schlüpfen, im Substrat. Die Larven durchlaufen drei Stadien bevor sie sich verpuppen und zum Käfer (Imago) werden.
Vergesellschaftung: Mit allen Wirbellosen möglich, die den Käfern nicht gefährlich werden können.
Sonstiges: Die Farbe des grünen Hirschkäfers ist sehr variabel. Manche Tiere sind wirklich grün, andere braun, graubraun oder auch fast schwarz. Die Kiefer von *Allotopus rosenbergi* sind sehr ungewöhnlich geformt und liegen fast wie bei einer Pinzette eng nebeneinander.

Dreihornkäfer
Chalcosoma atlas

Herkunft: Indonesien.
Terrarientyp: C.
Schwierigkeitsgrad: 2–3.
Größe: Männchen 5–8 cm, Weibchen ca. 5 cm.
Temperatur: 25–29 °C.
Luftfeuchtigkeit: 60–80 %.
Futter: Süßes Obst, Beetle Jelly. Die Larven faules Holz und Laub.
Aktivität: Nachtaktiv.
Haltungsform: Zwar verstehen sich Männchen und Weibchen, wegen der hohen Paarungsbereitschaft der Männchen sollten Paare allerdings immer getrennt gepflegt werden. Männchen sind untereinander absolut unverträglich und beginnen sofort zu kämpfen.
Lebensweise: In Regenwäldern, oft im Boden vergraben. Nachts auch auf Bäumen, an denen sie aus Baumwunden Säfte fressen.
Zucht: Die Weibchen vergraben die Eier, aus denen Larven schlüpfen, im Substrat. Die Larven durchlaufen drei Stadien bevor sie sich verpuppen und zum Käfer (Imago) werden.
Vergesellschaftung: Mit allen Wirbellosen möglich, die den Käfern nicht gefährlich werden können.
Sonstiges: Wenn man es ganz genau nimmt, gehört *Chalcosoma atlas* nicht zu den Lucanidae, also den Hirschkäfern, sondern zu den Blatthornkäfern Scarabaeidae. Es sollte den Tieren immer Futter zur Verfügung stehen. Die Lebenserwartung liegt bei circa sechs Monaten.

Panzerkopfkäfer

Dorcus titanus sumatra

Herkunft: Indonesien.
Terrarientyp: C.
Schwierigkeitsgrad: 2–3.
Größe: Männchen 5–8 cm, Weibchen ca. 4 cm.
Temperatur: 25–29 °C.
Luftfeuchtigkeit: 60–80 %.
Futter: Süßes Obst, Beetle Jelly. Die Larven faules Holz und Laub.
Aktivität: Nachtaktiv.
Haltungsform: Zwar verstehen sich Männchen und Weibchen, wegen der hohen Paarungsbereitschaft der Männchen sollten Paare allerdings immer getrennt gepflegt werden. Männchen sind untereinander absolut unverträglich und beginnen sofort zu kämpfen.
Lebensweise: In Regenwäldern, oft im Boden vergraben, nachts auch auf Bäumen wo sie aus Baumwunden Säfte fressen.
Zucht: Die Weibchen vergraben die Eier im Substrat, aus diesen schlüpfen die Larven. Diese durchlaufen drei Stadien bevor sie sich verpuppen und zum Käfer (Imago) werden.
Vergesellschaftung: Mit allen Wirbellosen möglich, die den Käfern nicht gefährlich werden können.
Sonstiges: Im Vergleich zu anderen Hirschkäfern sind Dorcus-Arten gedrungen und kompakt. Das verleiht den sehr aufmerksamen Tieren ein massives Aussehen. Die Kiefer sind eher kurz, dafür ist der Kopf sehr groß, was auch ausschlaggebend für den deutschen Trivialnamen war. Einmal gestört, verfolgt der Käfer jede Bewegung in seiner Umgebung.

Rhino-Hirschkäfer
Hexarthrius rhinoceros

Herkunft: Indonesien.
Terrarientyp: C.
Schwierigkeitsgrad: 2–3.
Größe: Männchen 7–10 cm, Weibchen ca. 5 cm.
Temperatur: 25–29 °C.
Luftfeuchtigkeit: 60–80 %.
Futter: Süßes Obst, Beetle Jelly, die Larven faules Holz und Laub.
Aktivität: Nachtaktiv.
Haltungsform: Zwar verstehen sich Männchen und Weibchen, wegen der hohen Paarungsbereitschaft der Männchen sollten Paare allerdings immer getrennt gepflegt werden. Männchen sind untereinander absolut unverträglich und beginnen sofort zu kämpfen.
Lebensweise: In Regenwäldern, oft im Boden vergraben. Nachts auch auf Bäumen, auf denen sie aus Baumwunden Säfte fressen.
Zucht: Die Weibchen vergraben die Eier, aus denen Larven schlüpfen, im Substrat. Die Larven durchlaufen drei Stadien bevor sie sich verpuppen und zum Käfer (Imago) werden.
Vergesellschaftung: Mit allen Wirbellosen möglich, die den Käfern nicht gefährlich werden können.
Sonstiges: Ein sehr spektakulärer Käfer mit extrem langem Kiefer. Dieser gibt ihm auch seinen Namen. Die beeindruckenden Kieferfortsätze setzen die Männchen sehr geschickt im Kampf um die Weibchen ein. Im Handel sind sie recht teuer, weil die Schlupfsaison kürzer ist als bei anderen Arten.

Orangefarbener Hirschkäfer
Hexarthrius parryi

Herkunft: Indonesien.
Terrarientyp: C.
Schwierigkeitsgrad: 2–3.
Größe: Männchen 6–9 cm, Weibchen ca. 4 cm.
Temperatur: 25–29 °C.
Luftfeuchtigkeit: 60–80 %.
Futter: Süßes Obst, Beetle Jelly, die Larven faules Holz und Laub.
Aktivität: Nachtaktiv.
Haltungsform: Zwar verstehen sich Männchen und Weibchen, wegen der hohen Paarungsbereitschaft der Männchen sollten Paare allerdings immer getrennt gepflegt werden. Männchen sind untereinander absolut unverträglich und beginnen sofort zu kämpfen.
Lebensweise: In Regenwäldern, oft im Boden vergraben, nachts auch auf Bäumen wo sie aus Baumwunden Säfte fressen.
Zucht: Wurde leider noch nicht im Terrarium gezüchtet.
Vergesellschaftung: Mit allen Wirbellosen möglich, die den Käfern nicht gefährlich werden können.
Sonstiges: *Hexarthrius parryi* ist einer der wenigen Hirschkäfer, der mehr als zwölf Monate alt werden kann. Männchen und Weibchen haben beide die gleiche schöne Zeichnung. Das dunkle Orange wird bis zu den Flügelspitzen hin immer heller.

Weinroter Hirschkäfer
Prosopocoilus astacoides

Herkunft: Indonesien.
Terrarientyp: C.
Schwierigkeitsgrad: 2–3.
Größe: Männchen 5–7 cm, Weibchen ca. 3 cm.
Temperatur: 25–29 °C.
Luftfeuchtigkeit: 60–80 %.
Futter: Süßes Obst, Beetle Jelly. Die Larven faules Holz und Laub.
Aktivität: Nachtaktiv.
Haltungsform: Zwar verstehen sich Männchen und Weibchen, wegen der hohen Paarungsbereitschaft der Männchen sollten Paare allerdings immer getrennt gepflegt werden. Männchen sind untereinander absolut unverträglich und beginnen sofort zu kämpfen.
Lebensweise: In Regenwäldern, oft im Boden vergraben, nachts auch auf Bäumen wo sie aus Baumwunden Säfte fressen.
Zucht: Die Weibchen vergraben die Eier, aus denen Larven schlüpfen, im Substrat. Die Larven durchlaufen drei Stadien, bevor sie sich verpuppen und zum Käfer (Imago) werden.
Vergesellschaftung: Mit allen Wirbellosen möglich, die den Käfern nicht gefährlich werden können.
Sonstiges: *Prosopocoilus astacoides* ist ein sehr lebhafter und auffälliger Käfer. Mit maximal sieben Zentimetern gehört er zu den mittelgroßen Arten.

Sägezahn-Hirschkäfer
Prosopocoilus giraffa

Herkunft: Indonesien.
Terrarientyp: C.
Schwierigkeitsgrad: 2–3.
Größe: Männchen 7–12 cm, Weibchen ca. 5 cm.
Temperatur: 25–29 °C.
Luftfeuchtigkeit: 60–80 %.
Futter: Süßes Obst, Beetle Jelly, die Larven faules Holz und Laub.
Aktivität: Nachtaktiv.
Haltungsform: Zwar verstehen sich Männchen und Weibchen, wegen der hohen Paarungsbereitschaft der Männchen sollten Paare allerdings immer getrennt gepflegt werden. Männchen sind untereinander absolut unverträglich und beginnen sofort zu kämpfen.
Lebensweise: In Regenwäldern, oft im Boden vergraben, nachts auf Bäumen wo sie aus Baumwunden Säfte fressen.
Zucht: Die Weibchen vergraben die Eier, aus denen Larven schlüpfen, im Substrat. Die Larven durchlaufen drei Stadien bevor sie sich verpuppen und zum Käfer (Imago) werden.
Vergesellschaftung: Mit allen Wirbellosen möglich, die den Käfern nicht gefährlich werden können.
Sonstiges: Dieser riesige Hirschkäfer ist der größte Vertreter seiner Art. Die bisher größten Individuen waren circa zwölfeinhalb Zentimeter groß. Allerdings entfällt ein erheblicher Teil der Gesamtlänge auf die extrem langen sägeförmigen Kiefer. Im japanischen Videospiel „Mushiking“ verkörpert *Prosopocoilus giraffa* den stärksten Käfer des Spiels weshalb der Preis für die Tiere in unglaubliche Höhen katapultiert wurde. Das Spiel gehört in Japan zu den beliebtesten Videospielen überhaupt. Mittlerweile gibt es sogar in der japanischen Profi Wrestling Liga einen Kämpfer Namens „Mushiking Terry“, dessen Charakter aus diesem Spiel stammt und auf einem Hirschkäfer basiert.

Zweifleck-Hirschkäfer
Prosopocoilus occipitalis

Herkunft: Indonesien.
Terrarientyp: C.
Schwierigkeitsgrad: 2–3.
Größe: Männchen 3–4 cm, Weibchen ca. 2 cm.
Temperatur: 25–29 °C.
Luftfeuchtigkeit: 60–80 %.
Futter: Süßes Obst, Beetle Jelly. Die Larven faules Holz und Laub.
Aktivität: Nachtaktiv.
Haltungsform: Zwar verstehen sich Männchen und Weibchen, wegen der hohen Paarungsbereitschaft der Männchen sollten Paare allerdings immer getrennt gepflegt werden. Männchen sind untereinander absolut unverträglich und beginnen sofort zu kämpfen.
Lebensweise: In Regenwäldern, oft im Boden vergraben, nachts auch auf Bäumen wo sie aus Baumwunden Säfte fressen.
Zucht: Die Weibchen vergraben die Eier, aus denen Larven schlüpfen, im Substrat. Die Larven durchlaufen drei Stadien, bevor sie sich verpuppen.
Vergesellschaftung: Mit allen Wirbellosen, die den Käfern nicht gefährlich werden.
Sonstiges: Einer der kleineren Vertreter der Hirschkäfer. Die gelben Käfer haben zwei Punkte auf den Flügeln.

Asiatischer Nashornkäfer
Xylotrupes gideon

Herkunft: Indonesien.
Terrarientyp: C.
Schwierigkeitsgrad: 2–3.
Größe: Männchen 5–8 cm, Weibchen ca. 5 cm.
Temperatur: 25–29 °C.
Luftfeuchtigkeit: 60–80 %.
Futter: Süßes Obst, Beetle Jelly, die Larven faules Holz und Laub.
Aktivität: Nachtaktiv.
Haltungsform: Zwar verstehen sich Männchen und Weibchen, wegen der hohen Paarungsbereitschaft der Männchen sollten Paare allerdings immer getrennt gepflegt werden. Männchen sind untereinander absolut unverträglich und beginnen sofort zu kämpfen.
Lebensweise: In Regenwäldern, oft im Boden vergraben, nachts auch auf Bäumen wo sie aus Baumwunden Säfte fressen.
Zucht: Die Weibchen vergraben die Eier, aus denen Larven schlüpfen, im Substrat. Die Larven durchlaufen drei Stadien, bevor sie sich verpuppen.
Vergesellschaftung: Mit allen Wirbellosen möglich, die den Käfern nicht gefährlich werden können.
Sonstiges: Wie der Name Nashornkäfer schon sagt, ist *Xylotrupes gideon* kein wirklicher Hirschkäfer, sondern gehört zu einer anderen Unterfamilie. In Thailand werden mit diesen Käfern die traditionellen Käferkämpfe veranstaltet.

Rosenkäfer

Mit die beliebtesten Käfer in der Terraristik sind die Rosenkäfer. Diese bunten und variantenreichen Krabbler sind überall in der Welt verbreitet. Im Terrarium lassen sich fast alle Arten ohne großen Aufwand pflegen und züchten. Diese Wirbellosen sind auch untereinander absolut verträglich und können in einem kunterbunten Mix vergesellschaftet werden. Natürlich sollten die Ansprüche an das Klima der gemeinsam gepflegten Arten gleich sein.
Die Larven der Rosenkäfer ernähren sich ebenfalls von morschem Holz oder Laub. Allerdings sind diese Larven oft wenig wählerisch und knabbern auch ihre Artgenossen an oder fressen diese sogar. In der Natur wird teilweise auch Aas als Nährstoffquelle genutzt. Die Aufzucht der Larven, z. B. vom Goliathkäfer, sollte daher einzeln in kleinen Behältern erfolgen. Die erwachsenen Käfer lieben süßes Obst aller Art. Auch hier ist es wichtig, nur sauberes, gewaschenes und idealerweise ungespritztes Obst zu verwenden. Auch Rosenkäfer lieben Beetle Jelly und profitieren von den zugesetzten Proteinen. Darüber decken die Tiere auch einen großen Teil ihres Flüssigkeitsbedarfs, der Rest wird durch das tägliche Übersprühen gesichert. Wasserschalen sind nicht empfehlenswert, darin können die Käfer schnell ertrinken.

Rosenkäfer (hier *Pachnoda spec.*) sind in der Terraristik sehr beliebt.

Gepunkteter Goliathkäfer

Amaurodes passerini

Herkunft: Ostafrika
Terrarientyp: B.
Schwierigkeitsgrad: 1.
Größe: Zwischen 4 und 5 cm.
Temperatur: 25–29 °C.
Luftfeuchtigkeit: 50–70 %.
Futter: Süßes Obst, Beetle Jelly, die Larven faules Holz und Laub.
Aktivität: Tagaktiv.
Haltungsform: Problemlos in Gruppen möglich.
Lebensweise: In Wäldern und Savannen, immer sehr aktiv, nachts im Boden vergraben, tagsüber fast überall zu finden.
Zucht: Die Weibchen vergraben im Substrat die Eier, aus denen Larven schlüpfen. Die Larven durchlaufen drei Stadien, bevor sie sich verpuppen und zum Käfer (Imago) werden.
Vergesellschaftung: Mit allen Wirbellosen möglich, die den Käfern nicht gefährlich werden können.
Sonstiges: Die Larven von *Amaurodes passerini* sind räuberisch und sollten auf jeden Fall getrennt in kleinen Behältern aufgezogen werden. Dies ist zwar sehr aufwendig, lohnt sich aber auf jeden Fall.

Brauner Rosenkäfer
Eudicella smithi

Herkunft: Zentralafrika.
Terrarientyp: B.
Schwierigkeitsgrad: 1.
Größe: Zwischen 3 und 5 cm.
Temperatur: 25–29 °C.
Luftfeuchtigkeit: 50–70 %.
Futter: Süßes Obst, Beetle Jelly, für die Larven faules Holz und Laub.
Aktivität: Tagaktiv.
Haltungsform: Problemlos in Gruppen möglich. Dann auf jeden Fall für genügend Platz für diese lebhaften Käfer sorgen!
Lebensweise: In Wäldern und Savannen, immer sehr aktiv, nachts im Boden vergraben, tagsüber am Boden zu finden.
Zucht: Die Weibchen vergraben im Substrat die Eier, aus denen Larven schlüpfen. Die Larven durchlaufen drei Stadien bevor sie sich verpuppen und zum Käfer (Imago) werden.
Vergesellschaftung: Mit allen Wirbellosen möglich, die den Käfern nicht gefährlich werden können.
Sonstiges: Eudicella smithi lebt fast ausschließlich auf dem Boden. Dort hebt er sich durch seine kräftige und schillernde Farbe deutlich hervor.

Goliathkäfer
Goliathus albosignathus

Herkunft: Ostafrika.
Terrarientyp: B.
Schwierigkeitsgrad: 2.
Größe: Zwischen 6 und 10 cm.
Temperatur: 25–29°C.
Luftfeuchtigkeit: 50–70%.
Futter: Süßes Obst, Beetle Jelly, die Larven faules Holz und Laub.
Aktivität: Tagaktiv.
Haltungsform: Problemlos in Gruppen möglich. Achtung: Die Tiere sind wirklich groß und kräftig und brauchen entsprechend viel Platz! Auch die Einrichtung sollte daher möglichst robust und stabil eingebaut sein.
Lebensweise: In Wäldern und Savannen, immer sehr aktiv, nachts im Boden vergraben, tagsüber fast überall zu finden.
Zucht: Die Weibchen vergraben im Substrat die Eier, aus denen Larven schlüpfen. Die Larven durchlaufen drei Stadien bevor sie sich verpuppen und zum Käfer (Imago) werden.
Vergesellschaftung: Mit allen Wirbellosen möglich, die den Käfern nicht gefährlich werden.
Sonstiges: Der Goliathkäfer macht seinem Namen alle Ehre, denn diese Art kann bis zu zehn Zentimeter groß werden. Es gibt einige Unterarten von Goliathus, die in weiten Teilen Afrikas verbreitet sind.

Rosenkäfer

Pachnoda peregrina

Herkunft: In ganz Afrika in unzähligen Varianten verbreitet.
Terrarientyp: B.
Schwierigkeitsgrad: 1.
Größe: Zwischen 2 und 3 cm.
Temperatur: 25–29 °C.
Luftfeuchtigkeit: 50–70 %.
Futter: Süßes Obst, Beetle Jelly, die Larven faules Holz und Laub.
Aktivität: Tagaktiv.
Haltungsform: Problemlos in Gruppen möglich.Man darf aber den großen Appetit der Tiere nicht unterschätzen!
Lebensweise: In Wäldern und Savannen, immer sehr aktiv, nachts im Boden vergraben, tagsüber fast überall zu finden.
Zucht: Die Weibchen vergraben im Substrat die Eier, aus denen Larven schlüpfen. Die Larven durchlaufen drei Stadien, bevor sie sich verpuppen und zum Käfer (Imago) werden.
Vergesellschaftung: Mit allen Wirbellosen möglich, die den Käfern nicht gefährlich werden können.
Sonstiges: Rosenkäfer sehen sehr gut und sind in der Lage, eine offene Terrarienscheibe zu erkennen und gezielt durch diese Öffnung zu fliegen.

Raubkäfer

Die meisten Lauf- und Raubkäfer stammen aus halbtrockenen bis trockenen Gegenden in Afrika und Asien. Die Tiere haben fast immer sehr lange Beine, um schnell über Hindernisse hinwegrennen zu können. Viele haben große und kräftige Mundwerkzeuge, mit denen sie andere Insekten und teilweise auch kleine Wirbeltiere jagen. Einmal in den Fänger dieser Käfer gelandet gibt es kein Entkommen mehr. Raubkäfer können je nach Art in der Gruppe gehalten werden, sollten aber getrennt gefüttert werden, weil die Tiere in eine Art Fressrausch verfallen und dann auch ihre Artgenossen töten, die sonst unbehelligt bleiben. Wer ganz sicher gehen will, füttert die Tiere einzeln außerhalb des Terrariums. Am besten werden die Tiere nie mit zwei Fingern ergriffen, sondern immer in eine Schachtel manövriert. So vermeidet man das Absetzen des Abwehrsekretes. In der Natur ernähren sich Raubkäfer von Insekten oder sogar kleinen Säugetieren und Reptilien. Je nach Art und Größe wird alles gefressen, was überwältigt werden kann.

Raubkäfer können nur innerhalb der eigenen Art vergesellschaftet werden.

Großer Raubkäfer

Anthia cinctipennis

Herkunft: Ostafrika.
Terrarientyp: B.
Schwierigkeitsgrad: 2.
Größe: Zwischen 4 und 6 cm.
Temperatur: 25–29 °C.
Luftfeuchtigkeit: 50–60 %.
Futter: Insekten jeder Art. Auch größere Tiere werden in der Gruppe gejagt.
Aktivität: Tagaktiv.
Haltungsform: In Gruppen möglich, dann sollte man die Tiere allerdings bei der Fütterung gut beobachten und immer ausreichend Futter ins Terrarium geben.
Lebensweise: In Savannen und lichten Wäldern.
Zucht: Die Weibchen vergraben im Substrat die Eier, aus denen Larven schlüpfen. Die Larven durchlaufen drei Stadien bevor sie sich verpuppen und zum Käfer (Imago) werden.
Vergesellschaftung: Nur innerhalb der eigenen Art, da zu befürchten ist, dass die Käfer andere Wirbellose angreifen.
Sonstiges: Die Käfer besitzen ein Abwehrsekret, das sie in seltenen Fällen bei Gefahr versprühen. Dieses ist auch für Menschen sehr unangenehm und kann in hohen Konzentrationen zu vorübergehender Blindheit und starkem Hustenreiz führen.

Tausendfüßer

Die „Nutztiere“ im Terrarium

Tausendfüßer (Diplopoden) sind generell sehr genügsame und einfach zu haltende Wirbellose. Natürlich gibt es auch unter diesen Arten einige Nahrungsspezialisten, aber hier geht es um die Nutztiere unter den Doppelfüssern, also einfach zu pflegende Tiere. Im Terrarium sind sie ideal, um Futterreste oder tote Futterinsekten (die man in einem gut strukturierten Terrarium oft nicht findet) zu vertilgen. Bandfüßer (Oxidesmidae) und andere kleine Diplopodenarten fressen zudem noch sehr gerne Schimmel, Sporen oder Flechten. Um ihren Proteinbedarf zu decken, fressen Tausendfüßer auch den Kot anderer Tiere und produzieren mittels ihrer Verdauung fast reinen Humus. Während ihrer rastlosen Suche nach Futter durchwühlen die Tiere den Bodengrund und halten ihn so locker.
Diplopoden sind absolut verträgliche Tiere, die keinerlei räuberisches oder territoriales Verhalten zeigen. Daher sind sie ideal zur Vergesellschaftung. Auch untereinander gibt es keine Probleme. Bei Gefahr geben die Tiere ein harmloses Abwehrsekret aus Poren an der Körperseite ab, was sehr bitter schmeckt und – wenn es direkt eingeatmet wird – unangenehm riecht. Dieses für den Menschen ungiftige Sekret kann die Finger braun bzw. gelb färben, sollte aber nicht in Mund und Augen geraten.
Die einzigen bekannten Fressfeinde der Tiere sind Skorpione und Krabben bzw. Krebse (Landeinsiedler), die sich von dem Wehrsekret nicht stören lassen und die es mit ihren Scheren schaffen, den harten Panzer der Tausendfüßer zu knacken.
Viele der tropischen Tausendfüßer sind anspruchslose und dankbare Pfleglinge. Zudem sind die meisten Arten aufgrund ihrer Herkunft oft sehr resistent gegen Temperaturschwankungen. Für Arten aus Afrika lässt sich grundlegend eine Temperatur von 22–28 °C bei einer Luftfeuchtigkeit von 60–70 % veranschlagen. Die asiatischen Arten mögen es ein wenig feuchter bei 70–90 % Luftfeuchtigkeit.
Die meisten Arten sind auch was das Futter angeht recht genügsam: Obst und Gemüse werden von vielen Arten genauso gefressen wie Laub und faules Holz. Nur wenige Arten haben sich auf Laub oder Humus als alleinige Nahrung spezialisiert. Eichen oder Buchenlaub wird bevorzugt. Von den Haltungsparametern her sind diese Arten ebenso zu halten wie ihre allesfressenden Artgenossen. Dazu gehören unter anderem *Coromus vittatus vittatus*, *Epibolus pulchripes*, *Pelmatojulus excisus* uvm.
Für alle Tausendfüßer gilt, dass sie zu einer erfolgreichen Pflege ein hohes und lockeres Substrat benötigen, in das sich die Tiere zur Häutung zurückziehen können. Es sollte acht Zentimeter oder höher sein – bei größeren Arten auch gut zwölf Zentimeter – und aus Erde, Torf und Laub bestehen. Damit sich die neue „Haut“ ohne Probleme bilden kann, sollte immer etwas Sepiaschale oder Eierschale für den Kalziumbedarf im Terrarium sein. Während der Häutung dürfen Tausendfüßer auf keinen Fall gestört werden!

Gelbbeiniger Tausendfüßer
Alloporus stylifer

Herkunft: Ostafrika.
Terrarientyp: B oder C.
Schwierigkeitsgrad: 2 – Futterspezialist.
Größe: Bis 15 cm.
Temperatur: 23–28°C.
Luftfeuchtigkeit: 60–80%.
Futter: Laub, Obst, Aas, Fischfutterflocken. Die Tiere sind aber in jedem Fall auf Laub angewiesen.
Aktivität: In der Regel tagaktiv, aber auch dämmerungs- und nachtaktiv.
Haltungsform: Kann gut in Gruppen gehalten werden.
Lebensweise: Am Boden oder vergraben. Die Tiere klettern hin und wieder.
Zucht: Im Terrarium ohne Probleme möglich. Nach der Paarung erfolgt die Eiablage. Die Jungtiere entwickeln sich selbstständig im Terrarium.
Vergesellschaftung: Ohne Probleme mit allen Tieren außer Skorpionen, Krebsen, großen Krabben.
Sonstiges: Die Tiere haben eine Art Gesichtsmaske, eine Zeichnung, die diesem Tausendfüßer besonders viel Charakter verleiht.

Regenbogentausendfüßer
Aulacobolus rubrapunctatus

Herkunft: Thailand.
Terrarientyp: C.
Schwierigkeitsgrad: 2.
Größe: Bis 8 cm.
Temperatur: 23–28°C.
Luftfeuchtigkeit: 70–90%, ohne stehende Nässe.
Futter: Laub, Obst, Aas, Fischfutterflocken.
Aktivität: Tagsüber aktiv, aber auch in Dämmerung und Nacht.
Haltungsform: Kann gut in Gruppen gehalten werden.
Lebensweise: Am Boden oder vergraben. Die Tiere klettern hin und wieder.
Zucht: Im Terrarium ohne Probleme möglich. Nach der Paarung erfolgt die Eiablage. Die Jungtiere entwickeln sich selbstständig im Terrarium.
Vergesellschaftung: Ohne Probleme mit allen Tieren außer Skorpionen, Krebsen und großen Krabben.
Sonstiges: Der Regenbogentausendfüßer zählt zu den hübschesten und beliebtesten Tausendfüßern im Terrarium. Es sind einige lokale Varianten bekannt, die sich aber nur durch wenige Merkmale unterscheiden lassen und die vom Laien kaum erkannt werden können.

Afrikanischer Riesentausendfüßer

Archispirostreptus gigas

Herkunft: Ostafrika.
Terrarientyp: B oder C.
Schwierigkeitsgrad: 1.
Größe: Weibchen bis 30 cm, Männchen etwas kleiner und dünner.
Temperatur: 23–28°C.
Luftfeuchtigkeit: 50–70%.
Futter: Laub, Obst, Aas, Fischfutterflocken.
Aktivität: In der Regel tagsüber aktiv, aber auch in Dämmerung und Nacht.
Haltungsform: Kann gut in Gruppen gehalten werden.
Lebensweise: Am Boden oder vergraben. Die Tiere klettern hin und wieder.
Zucht: Im Terrarium ohne Probleme möglich. Nach der Paarung erfolgt die Eiablage. Die Jungtiere entwickeln sich selbstständig im Terrarium.
Vergesellschaftung: Problemlos mit allen Tieren außer Skorpionen, Krebsen und großen Krabben.
Sonstiges: *Archispirostreptus gigas* zählt zu den größten Tausendfüßern überhaupt. Als einzige Art tragen diese Tiere Milben auf dem Körper, die mit dem Tausendfüßer in Symbiose leben. Die Milben ernähren sich von Schmutz, den der Tausendfüßer zwischen seinen Beinen ansammelt und halten so den Riesen sauber. Die Milben siedeln nicht auf andere Tiere, Reptilien oder Menschen um!

Südafrikanischer Feuertausendfüßer

Centrobolus spec.

Herkunft: Südafrika.
Terrarientyp: B oder C.
Schwierigkeitsgrad: 1.
Größe: 5–6 cm.
Temperatur: 23–28°C.
Luftfeuchtigkeit: 50–70%.
Futter: Laub, Obst, Aas, Fischfutterflocken.
Aktivität: Tagsüber aktiv, aber auch in Dämmerung und Nacht.
Haltungsform: Kann gut in Gruppen gehalten werden.
Lebensweise: Am Boden oder vergraben. Die Tiere klettern hin und wieder.
Zucht: Im Terrarium ohne Probleme möglich. Nach der Paarung erfolgt die Eiablage. Die Jungtiere entwickeln sich selbstständig im Terrarium.
Vergesellschaftung: Ohne Probleme mit allen Tieren außer Skorpionen, Krebsen und großen Krabben.
Sonstiges: Der Südafrikanische Feuertausendfüßer ist gerade für kleine Becken ein sehr gutes Schautier. Die Art ist fast immer sichtbar an der Oberfläche aktiv. Außerdem fällt die rote Signalfarbe des umtriebigen Wirbellosen ins Auge.

Riesenbandfüßer
Coromus vittatus vittatus

Herkunft: Westafrika.
Terrarientyp: B oder C.
Schwierigkeitsgrad: 2 – Futterspezialist.
Größe: Bis 8 cm.
Temperatur: 23–28°C.
Luftfeuchtigkeit: 60–80%.
Futter: Laub.
Aktivität: Tagsüber aktiv, aber auch dämmerungs- und nachtaktiv.
Haltungsform: Kann gut in Gruppen gehalten werden. Achtung: Wegen des Abwehrsekrets die Terrarien gut belüften. Bei zu dichtem Besatz können sich die Tiere durch ihr Abwehrsekret gegenseitig töten!
Lebensweise: Am Boden. Die Tiere klettern hin und wieder.
Zucht: Die Zucht im Terrarium ist bei Bandfüßern bisher selten geglückt und scheint eher ein Zufall zu sein.
Vergesellschaftung: Ohne Probleme mit allen Tieren außer Skorpionen, Krebsen und großen Krabben.
Sonstiges: *Coromus vittatus vittatus* ist der einzige Bandfüßer, dessen Abwehrsekret auch für Menschen schädlich sein könnte, sofern man es dauerhaft einatmen würde. Der größte aller Bandfüßer: bis ca. neun Zentimeter großer, dunkelbrauner Körper mit goldenem Rand, sehr aktiv und oft an der Oberfläche. Vorsicht, diese Tiere fressen sehr gut Schimmel, Sporen und Pilze, sind aber auch auf Laub angewiesen!

Schokotausendfüßer
Ophisthostreptus guinensis

Herkunft: Westafrika.
Terrarientyp: B oder C.
Schwierigkeitsgrad: 1.
Größe: Weibchen bis 25 cm, Männchen etwas kleiner und dünner.
Temperatur: 23–32 °C.
Luftfeuchtigkeit: 50–60 %.
Futter: Laub, Obst, Fischfutterflocken.
Aktivität: Tagsüber aktiv, aber auch in Dämmerung und Nacht.
Haltungsform: Kann gut in Gruppen gehalten werden.
Lebensweise: Am Boden oder vergraben. Die Tiere klettern hin und wieder.
Zucht: Im Terrarium ohne Probleme möglich. Nach der Paarung erfolgt die Eiablage. Die Jungtiere entwickeln sich selbstständig im Terrarium.
Vergesellschaftung: Ohne Probleme mit allen Tieren außer Skorpionen, Krebsen und großen Krabben.
Sonstiges: Der Schokotausendfüßer ist der größte in Westafrika lebende Tausendfüßer. Im Terrarium benötigt er entsprechend mehr Platz. Seinen Namen verdankt er seiner Farbe, die sehr an Milchschokolade erinnert.

Roter Tausendfüßer

Spirostreptus brachycerus

Herkunft: Ostafrika.
Terrarientyp: B oder C.
Schwierigkeitsgrad: 1.
Größe: Bis 10 cm.
Temperatur: 23–28 °C.
Luftfeuchtigkeit: 60–80 %.
Futter: Laub, Obst, Aas, Fischfutterflocken.
Aktivität: Tagsüber aktiv, aber auch dämmerungs- und nachtaktiv.
Haltungsform: Kann gut in Gruppen gehalten werden.
Lebensweise: Die Tiere sind fast permanent vergraben.
Zucht: Im Terrarium ohne Probleme möglich. Nach der Paarung erfolgt die Eiablage. Die Jungtiere entwickeln sich selbstständig im Terrarium.
Vergesellschaftung: Ohne Probleme mit allen Tieren außer Skorpionen, Krebsen und großen Krabben.
Sonstiges: Ein Arbeitstier im Untergrund: Die Tiere leben fast ausschließlich unter der Erde und graben dort permanent: Ideal zum Auflockern des Substrates und zum Vertilgen von Futterresten. Komplett roter Körper mit abgesetzten roten Querbändern. Die rote Färbung kann sehr stark variieren. Von Ziegelrot bis zu zartem Rosa ist alles vertreten. Dies hängt auch mit dem Zeitpunkt der letzten Häutung zusammen: Nach dieser ist die Grundfarbe heller und dunkelt bis zur nächsten Häutung nach.

Orangefarbener Zebratausendfüßer
Thyropygus ligulus

Herkunft: Thailand.
Terrarientyp: C.
Schwierigkeitsgrad: 1–2.
Größe: Bis 20 cm.
Temperatur: 23–28°C.
Luftfeuchtigkeit: 70–90%.
Futter: Laub, Obst, Aas, Fischfutterflocken.
Aktivität: Tagsüber aktiv, aber auch in Dämmerung und Nacht.
Haltungsform: Kann gut in Gruppen gehalten werden.
Lebensweise: Am Boden oder vergraben. Die Tiere klettern hin und wieder auf Bäume oder Sträucher.
Zucht: Im Terrarium ohne Probleme möglich. Nach der Paarung erfolgt die Eiablage. Die Jungtiere entwickeln sich selbstständig im Terrarium.
Vergesellschaftung: Problemlos mit allen Tieren außer Skorpionen, Krebsen und großen Krabben.
Sonstiges: *Thyropygus ligulus* ist einer der größten aus Südostasien stammenden Tausendfüßer. Die Tiere sind sehr variabel gezeichnet. Manche Exemplare sind fast komplett dunkelbraun bis schwarz mit sehr schmalen orangefarbenen Querbändern. Diese Bänderung ist aber sehr unterschiedlich und das orange ist verschieden stark ausgeprägt. Es gibt auch Individuen, die fast komplett orange gefärbt sind und nur noch schmale dunkle Bänder tragen.

Krabben

Geosesarma – bunte Schmuckkrabben

Seit einiger Zeit befinden sich verschiedenste Landkrabben im Handel, die immer mehr Anhänger finden und sich steigender Beliebtheit erfreuen. Ich möchte die häufigsten Arten kurz vorstellen, um sowohl dem Anfänger als auch dem fortgeschrittenen Krabbenhalter einige neue Hinweise mit auf den Weg zu geben.
Landkrabben haben in kürzester Zeit die Terrarien der Tierfreunde im Sturm erobert. Schon dadurch konnten im Laufe der Zeit viele wichtige Erkenntnisse über diese faszinierenden Wirbellosen gesammelt werden. Die Arten der Gattung Geosesarma kann man alle als Zwergkrabben bezeichnen. Mit einer Panzerlänge von ca. 2–3 cm eignen sie sich auch für kleinere Aqua-Terrarien. Die hier vorgestellten Krabben stammen alle aus Südostasien. Dort scheint es in jedem Gewässer und auf jeder Insel neue Varianten und Arten zu geben. Die Vielzahl der ständig neu entdeckten Arten spricht dafür, dass bei weitem noch nicht alle gefunden wurden.
Die Landkrabben der Gattung Geosesarma sind an Land züchtbar. Die Weibchen tragen eine Eitraube unter der Bauchklappe. Diese Traube wächst während der Entwicklung ständig und die Bauchklappe öffnet sich immer weiter. Die geschlüpften Larven bleiben noch eine Weile im Schutz der Mutter, bevor sie die Klappe verlassen, um ab diesem Zeitpunkt vollkommen selbstständig zu sein.
Geosesarma-Arten sind als landlebende Krabben im Wasser sehr ungeschickt. Finden die Tiere keinen einfachen Weg aus dem Wasser, können sie bereits in ca. einem Zentimeter tiefen Wasser ertrinken! Landkrabben nutzen die Nähe zu Gewässern in der Natur nur als Fluchtmöglichkeit.
Bei einer dauerhaften Haltung hat sich herausgestellt, dass die Exoten unbedingt auf tierisches Eiweiß in ihrer Nahrung angewiesen sind. Die besten Erfolge wurden erzielt, wenn man ein

flaches Schälchen mit roten Mückenlarven zur Verfügung stellt. Diese Mückenlarven gibt es als Frostfutter in jedem guten Zoofachhandel.
Ideal ist eine Haltung auf Kies. Der Kies sollte komplett mit Wasser unterspült sein und in der Mitte eine kleine Mulde haben, in der das Wasser steht. Um zu verhindern, dass das Wasser gammelt, sollte eine kleine Lüftungspumpe, wie sie für Aquarien benutzt wird, verwendet werden. Die Krabben mögen weiches, saures Wasser. Am besten erzielt man diesen Effekt, indem man Seemandelbaumblätter (ebenfalls im Fachhandel erhältlich) oder Eichenblätter in den Wasserteil legt. Die Gerbstoffe dieser Blätter haben nicht nur die positive Eigenschaft, das Wasser weich und vom pH-Wert her sauer zu machen. Die Säure sorgt auch für eine leicht desinfizierende Wirkung. Zudem fressen die Krabben die Blätter auch, um ihren Mineralbedarf zu decken.

Die *Geosesarma tiomanicum* gehört zu den beliebtesten Vertretern der Gattung.

Orangeköpfchen-Krabbe
Geosesarma krathing

Herkunft: Thailand.
Terrarientyp: C.
Schwierigkeitsgrad: 2.
Größe: Panzer ca. 2 cm, mit Beinen ca. 4 cm.
Temperatur: 23–29°C.
Luftfeuchtigkeit: 70–90%.
Futter: Süßes Obst, Fischfutter, Laub, rote Mückenlarven.
Aktivität: Nachtaktiv.
Haltungsform: In Gruppen von fünf Tieren oder mehr.
Lebensweise: In Regenwäldern, an Bachläufen oder Sümpfen.
Zucht: Im Terrarium möglich. Geosesarma benötigen keinen Wasserteil zur Fortpflanzung. Die Eier entwickeln sich unter der Bauklappe des Weibchens. Die geschlüpften Larven verstecken sich und entwickeln sich selbstständig.
Vergesellschaftung: Mit allen Tieren möglich, die die Krabbe nicht als Futter betrachten.
Sonstiges: Die einzige Geosesarma, die bisher aus Thailand importiert wurde. Eine der stabilsten überhaupt! Die Tiere machen in der Pflege keine Probleme. Eine der Besonderheiten ist die Fähigkeit, je nach Stimmung die Farbe zu wechseln. Der orangefarbene Kopf ist immer gleich, der Rest kann sich je nach Stimmung von hellgrün bis schwarz verfärben. *Geosesarma krathing* ist nachtaktiv, dafür aber problemlos in Gruppen zu pflegen. Diese Landkrabben vermehren sich besonders gut im Terrarium. Die Aufzucht der Jungtiere ist schon häufiger gelungen. Bei Gruppenhaltung bietet sich ein Terrarium mit größerer Grundfläche an.

Mandarinkrabbe
Geosesarma notophorum

Herkunft: Indonesien, sehr lokal und nicht weit verbreitet.
Terrarientyp: C.
Schwierigkeitsgrad: 2–3
Größe: Der Panzer ca. 2cm, mit Beinen 4cm.
Temperatur: 25–29°C.
Luftfeuchtigkeit: 70–90%.
Futter: Süßes Obst, Fischfutter, Laub, rote Mückenlarven.
Aktivität: Nachtaktiv.
Haltungsform: In Gruppen von fünf Tieren oder mehr.
Lebensweise: In Regenwäldern, an Bachläufen oder Sümpfen.
Zucht: Im Terrarium möglich. Geosesarma benötigen keinen Wasserteil zur Fortpflanzung. Die Eier entwickeln sich unter der Bauklappe des Weibchens. Die geschlüpften Larven verstecken sich und entwickeln sich selbstständig.
Vergesellschaftung: Mit allen Tieren möglich, die die Krabbe nicht als Futter betrachten. Natürlich sollte die Bauweise des Terrariums dann für alle Tiere gute Bedingungen bieten.
Sonstiges: Ebenfalls eine sehr schön gefärbte Krabbe, die Saison bedingt nicht das ganze Jahr im Handel zu finden ist. Die Haltung unterscheidet sich nicht wesentlich von der der Vampirkrabbe. Die innerartliche Aggression ist bei der Mandarinkrabbe bei weitem nicht so ausgeprägt wie bei den Vampirkrabben. Die Tiere sind auch nicht ganz so Temperaturempfindlich. Versteckmöglichkeiten sollten natürlich trotzdem ausreichend gegeben sein.

Vampirkrabbe
Geosesarma spec.

Herkunft: Indonesien.
Terrarientyp: C.
Schwierigkeitsgrad: 2–3.
Größe: Panzer 2 cm, mit Beinen 4–5 cm.
Temperatur: 25–29 °C.
Luftfeuchtigkeit: 70–90 %.
Futter: Süßes Obst, Fischfutter, Laub, rote Mückenlarven.
Aktivität: Nachtaktiv.
Haltungsform: In Gruppen von fünf Tieren oder mehr.
Lebensweise: In Regenwäldern, an Bachläufen oder Sümpfen.
Zucht: Im Terrarium möglich. Geosesarma benötigen keinen Wasserteil zur Fortpflanzung. Die Eier entwickeln sich unter der Bauklappe des Weibchens. Die geschlüpften Larven verstecken sich und entwickeln sich selbstständig.
Vergesellschaftung: Mit allen Arten möglich, die die Krabbe nicht als Futter betrachten. Natürlich sollte die Bauweise des Terrariums dann für alle Tiere gute Bedingungen bieten.
Sonstiges: Die Vampirkrabbe ist eine der schönsten Krabben mit ihrer violetten Grundfarbe, dem gelb-orangefarbenen Panzer und den leuchtenden Augen. Leider auch eine der schwierigsten, was die Haltung betrifft. Die Tiere dürfen nicht unter 22 °C gehalten werden, auch nicht kurzfristig (Bodenheizung!). Am besten gedeihen sie bei 25–28 °C und einer Luftfeuchtigkeit von 70–80 %. Vampirkrabben sind fast ausschließlich nachtaktive Tiere.
Ein Problem, was in der Haltung kleinerer Gruppen von zwei bis fünf Tieren häufiger auftritt, ist das Territorialverhalten einiger Weibchen. Diese sind dann sehr aggressiv und verteidigen ihr Revier mit Nachdruck.
Bei Haltung von großen Gruppen legt sich dieses Verhalten. Wichtig ist eine gute Strukturierung des Terrariums, um verfolgten Individuen Rückzugsmöglichkeiten zu bieten. Auch im Hinblick auf die besondere Empfindlichkeit während und nach der Häutung sind ausreichend Verstecke – das bedeutet pro Tier mindestens eines – sehr wichtig.

Disco-Vampirkrabbe
Geosesarma tiomanicum

Herkunft: Indonesien.
Terrarientyp: C.
Schwierigkeitsgrad: 2–3.
Größe: Panzer 2 cm, mit Beinen 4–5 cm.
Temperatur: 25–29 °C.
Luftfeuchtigkeit: 70–90 %.
Futter: Süßes Obst, Fischfutter, Laub, rote Mückenlarven.
Aktivität: Nachtaktiv.
Haltungsform: In Gruppen von fünf Tieren oder mehr.
Lebensweise: In Regenwäldern, an Bachläufen oder Sümpfen.
Zucht: Wie bei anderen Geosesarma-Arten im Terrarium möglich.
Vergesellschaftung: Mit allen Wirbellosen möglich, die die Krabbe nicht als Futter betrachten. Natürlich sollte die Bauweise des Terrariums dann für alle Tiere gute Bedingungen bieten.
Sonstiges: Die Disco-Vampirkrabbe hat ihren deutschen Namen von ihren leuchtenden Farben. Der kräftig orangefarbene Körper und die lila Scheren machen sie zu den auffälligsten unter den Landkrabben. Noch dazu ist *Geosesarma tiomanicum* durchschnittlich ein wenig größer und kräftiger als ihre Verwandten.

Die Krabbe *Metasesarma aubryi* ist ein beliebter Pflegling.

Metasesarma – Aktive Landkrabben

Die hier genannten Metasesarma-Krabben sind mittelgroß mit einer Panzerlänge von maximal vier Zentimetern. Die Tatsache, dass sie recht einfach in der Haltung sind und dazu auch am Tag aktiv, wird ihnen schon bald einen noch größeren Liebhaberkreis als bisher bescheren.

Diese Exoten benötigen zur Zucht eine ozeanische Phase. Das bedeutet, dass die Eier ins Meer abgeworfen werden, wo sich dann die Larven entwickeln, um danach wieder an Land zu kommen. Sind die Larven einmal Landgänger, sind sie nicht mehr vom Meer abhängig und sind auch weit im Landesinneren zu finden. Einige Arten wurden schon oberhalb von Wasserfällen entdeckt, die die einzelnen Individuen nicht überwinden können. Deswegen wird angenommen, dass diese Krabben ihre Eier in Gewässern ablegen, die sie zum Meer schwemmen. Sicherlich einer der größten Vorteile der Metasesarma-Arten insgesamt ist, dass sie auch tagsüber aktiv sind. Selbst bei einer kleineren Gruppe sieht man auch am Tag immer Tiere im Terrarium auf Nahrungssuche. Noch dazu sind Metasesarma in der Gruppe verträglich und absolut robust. Ein vergessenes Besprühen wird viel eher verziehen als bei den Arten der Gattung Geosesarma.

Rote Chamäleonkrabbe
Metasesarma aubryi

Herkunft: Indonesien.
Terrarientyp: C.
Schwierigkeitsgrad: 2.
Größe: Panzer 4 cm, mit Beinen 5–7 cm.
Temperatur: 25–29 °C.
Luftfeuchtigkeit: 70–90 %.
Futter: Süßes Obst, Fischfutter, Laub, rote Mückenlarven.
Aktivität: Nachtaktiv.
Haltungsform: In Gruppen von fünf Tieren oder mehr.
Lebensweise: In Regenwäldern, an Bachläufen oder Sümpfen.

Zucht: Im Terrarium nicht möglich.
Vergesellschaftung: Mit allen Wirbellosen, die die Krabbe nicht als Futter betrachten. Natürlich sollte die Bauweise des Terrariums dann für alle Tiere gute Bedingungen bieten.
Sonstiges: Diese wunderschöne Krabbe ist die größte der hier vorgestellten Arten. Der Name „Chamäleonkrabbe" wurde ihr aufgrund ihrer Fähigkeit gegeben, ihre Farbe je nach Stimmung zu ändern. *Metasesarma aubryi* ist in der Lage, ihre Färbung von kräftig rot zu fast farblos zu ändern. Die Rote Chamäleonkrabbe ist am Tag regelmäßig außerhalb ihres Verstecks zu beobachten und hat somit einen ganz besonderen Reiz für den Halter.

Dreifarbige Marmorkrabbe
Metasesarma obesum

Herkunft: Indonesien.
Terrarientyp: C.
Schwierigkeitsgrad: 2.
Größe: Panzer 3 cm, mit Beinen 4–5 cm.
Temperatur: 25–29 °C.
Luftfeuchtigkeit: 70–90 %.
Futter: Süßes Obst, Fischfutter, Laub, rote Mückenlarven.
Aktivität: Nachtaktiv.
Haltungsform: In Gruppen von fünf Tieren oder mehr.
Lebensweise: In Regenwäldern, an Bachläufen oder Sümpfen.
Zucht: Im Terrarium nicht möglich.
Vergesellschaftung: Mit allen Tieren möglich, die die Krabbe nicht als Futter betrachten. Natürlich sollte die Bauweise des Terrariums dann für alle Tiere gute Bedingungen bieten.
Sonstiges: Sicher eine der spektakulärsten Arten unter den Landkrabben. Die Färbung unterliegt einer sehr großen Variation und treibt jeden „Sammler" in den Wahnsinn: Mal fast komplett smaragdgrün, mal neongelb, mal mit schwarzem Muster, ein anderes Mal mit all diesen Farben und einem roten Gesicht. Jede Variation dieser Färbungen ist innerhalb einer Population zu finden. Mit jeder Generation wird neu gemischt.

Service

Hilfreiche Links

www.diplopoda.de
Alles über Diplopoden. Mit vielen weitere Infos sowie tollen Bildern!

www.thepetfactory.de
Hier gibt's alles, was man zur Haltung von Terrarientieren braucht.

www.insektenbox.de
Ausführliches Register von europäischen Insekten mit Bildern.

www.dghtserver.de
Mit Diskussion-Foren über Probleme, Zucht und Fütterung von Wirbellosen im Terrarium. Außerdem Börsentermine in ganz Deutschland.

www.hippocampus-bildarchiv.de
Bildarchiv über Wirbellose.

www.krabbenphotoblog.de
Blog mit vielen Impressionen von Krabben im Terrarium.

www.kerf.de
Hier finden sich Futtertiere und Zubehör.

www.terraon.de
Terraristik-Forum mit aktuellen Beiträgen zu Haltung und Zucht von Insekten und anderen Wirbellosen.

www.terrarium-construction.de
Umfassende Homepage mit Anleitungen und Materialhinweisen für Terrarien „Marke Eigenbau".

Zum Weiterlesen

Rogner, Manfred:
1x1 der Terraristik.
Amphibien und Reptilien richtig halten und pflegen. Kosmos 2011.
Grundlagenbuch zur Terraristik mit vielen Tipps zu Technik und Einrichtung.

Zahradnik, Jiri:
Der Kosmos Insektenführer.
Kosmos 2008.
Sichere Bestimmung auch der geschützten Insekten Mitteleuropas.

Spohn/Golte-Bechtle/ Aichele:
Was blüht denn da?
Kosmos 2008.
Über 870 Blumen, Gräser, Bäume und Sträucher erkennen.

Register

KOSMOS.

Mehr wissen. Mehr erleben.

Ariane Janitzki | 250 Terrarientiere

288 S., 286 Abb., €/D 12,95

ISBN 978-3-440-11089-8

Gewaltig viel Auswahl.

Leguane, Geckos, Schlangen, Schildkröten, Frösche, sogar Vogelspinnen und Skorpione – unter 250 Exoten hat der Terrarianer die Wahl. Detaillierte Beschreibungen zu jedem Tier liefern wichtige Informationen zu Herkunft und Merkmalen, Haltung, Pflege und Ernährung der Terrarienbewohner schnell und übersichtlich.

www.kosmos.de

Preisänderung vorbehalten

Bildnachweis

Mit 42 Aufnahmen von Frank Teigler/Hippocampus Bildarchiv (Seite 4, 12, 15, 26, 30-39, 41, 43, 44, 49, 51-57, 59-61, 63, 64, 67, 70-75, 80-82, 84, 85. Weitere 29 Aufnahmen von Roland Zobel (Seite 6-11, 17-19, 21, 23-25, 28 beide, 40, 42, 45-48, 50, 58, 62, 68, 69, 76, 78, 83, 86).

Impressum

Umschlaggestaltung von eStudio Calamar unter Verwendung von Farbfotos von Juniors Bildarchiv / O. Giel (Vorderseite) und Frank Teigler (Rückseite).
Die Bilder zeigen auf der Umschlagvorderseite eine Grüne Gottesanbeterin (*Mantis religiosa*) und auf der Rückseite von links nach rechts Dreihornkäfer (*Chalcosoma atlas*), Kleine Teufelsblume (*Blepharopsis mendica*) und Mandarinkrabbe (*Geosesarma notophorum*).

Mit 71 Farbfotos

Alle Angaben in diesem Buch erfolgen nach bestem Wissen und Gewissen. Sorgfalt bei der Umsetzung ist indes dennoch geboten. Autor und Verlag übernehmen keinerlei Haftung für Personen-, Sach- oder Vermögensschäden, die aus der Anwendung der vorgestellten Materialien und Methoden entstehen könnten.

Unser gesamtes lieferbares Programm und viele
weitere Informationen zu unseren Büchern,
Spielen, Experimentierkästen, DVDs, Autoren und
Aktivitäten finden Sie unter **kosmos.de**

Gedruckt auf Chlorfrei gebleichtem Papier

© 2012, Franckh-Kosmos Verlags-GmbH & Co. KG, Stuttgart
Alle Rechte vorbehalten
ISBN 978-3-440-12272-3
Projektleitung: Angela Beck
Redaktion: Valeska Klauder
Gestaltung und Satz: Andrea Kunkel /www.akuSatz.de
Produktion: Eva Schmidt
Printed in Slovakia / Imprimé en Slovaquie

FSC www.fsc.org MIX Paper from responsible sources FSC® C084279